现代健身俱乐部设计

Modern Gym Club Design

蒲仪军 编著

中国建筑工业出版社

图书在版编目（CIP）数据

现代健身俱乐部设计/蒲仪军编著. —北京：中国建筑工业出版社，2011.7
ISBN 978-7-112-13284-3

Ⅰ.①现… Ⅱ.①蒲… Ⅲ.①健身运动－俱乐部－设计
Ⅳ.①TU247.9

中国版本图书馆CIP数据核字（2011）第106755号

校　　审：张　林
责任编辑：邓　卫
责任设计：董建平
责任校对：陈晶晶　刘　钰

现代健身俱乐部设计
Modern Gym Club Design
蒲仪军　编著
*
中国建筑工业出版社出版、发行（北京西郊百万庄）
各地新华书店、建筑书店经销
北京嘉泰利德公司制版
北京佳信达欣艺术印刷有限公司印刷
*
开本：787×1092毫米　1/16　印张：$9^3/_4$　插页：2　字数：200千字
2011年9月第一版　2011年9月第一次印刷
定价：**58.00**元
ISBN 978-7-112-13284-3
（20724）

序　一

我国改革开放以来经济的持续高速发展和人民物质生活水平的普遍大幅提高，催生出空前规模的建筑装饰装修行业，与之相伴的是现代室内设计学科的建立和发展。其特征之一是一二十年前“室内设计”作为一个专业名词，知道的人甚少，1989 年中国室内设计学会成立时会员不足百人。现在学会会员人数过万，从业人员以百万计，没有开设相关专业的高校屈指可数，不知道建筑空间要装修的人已经寥寥无几。其特征之二是大批优秀设计师和优秀设计作品的涌现，呈现出流派纷呈、百花齐放的格局，缩短了与国际水准的距离。

与此同时，“理论建设严重地落后于实践”。2003 年我国现代室内设计学科奠基人曾坚先生在其撰写的《一孔之见——建议建立室内建筑专业理论体系》文中的话，仍不时在提醒、鞭策、催促室内设计专业工作者担负起应尽的社会责任：我辈当努力，为建立起有完善专业理论体系的学科而有所作为。笔者认为其实这也并非高深莫测之举，每个室内设计工作者都可以有所作为。蒲仪军老师的努力，无疑就是一个榜样：就室内设计的一个领域、一个专题，进行全面深入系统的研究和总结，写成一本书，贡献给千千万万个读者学习、参考，这就充实丰富了室内设计理论体系，成为该理论体系宝库中的一朵花。

蒲仪军老师长期从事室内设计实践、教学及研究，在担任《室内设计与装修》杂志专栏主持期间，为杂志撰写过许多专题文章。近一阶段，他针对国内健身行业蓬勃发展却又缺少健身俱乐部设计指导规范的实际情况，通过潜心研究，从国内外获取大量资料，在总结、归纳、分析的基础上，以严谨治学的态度，撰写成《现代健身俱乐部设计》一书。该书内容全面，资料翔实，用大量照片、图表及数据，详细研究和探讨了健身行业的发展、设计策划、健身俱乐部的空间设计等，同时将健身俱乐部的设备设计作为专题进行了较为详细的研究，使得物理环境的设计更为完善，成为本书的一个亮点。此外，本书还十分详细地列出了参考资料，加上健身领域名词的中英文对照，使其更具学术价值。

衷心希望有更多这样的室内设计专题论著面世。

吴涤荣

南京林业大学教授、原副校长

中国建筑学会室内设计分会原副理事长

《室内设计与装修》杂志原主编、总编

2011 年 3 月于南京

序　二

作为我国健身行业的第一本关于健身俱乐部设计的专业书籍，我首先向本书的出版表示衷心的祝贺。

在国内，健身行业已经发展了 10 多个年头，中国的健身人口也逐渐达到了 5000 万之多，身在行业内的我，有幸见证了行业的快速成长。现在，即使在上海，拥有健身会籍的市民比例也只有 2.5%，而美国已经达到了 25%。通过对比，我们不难发现中国健身行业发展，还有很大的成长空间。我认为对于一家健身俱乐部来说，有两点最为关键，一是选址，另一个便是俱乐部的设计。科学的健身俱乐部设计与管理将对行业的成长带来巨大推动作用。鉴于目前健身产业仍然处于初期阶段，不断涌现的健身会所存在着各种症结，我着重推荐本书以针对性地解决系统行业设计规范与标准的问题。

目前大部分健身俱乐部设计由业主或具有公共会所设计经验的人士以及运动器材供应商来完成，往往带来许多不良后果，如：俱乐部专业性不强、空间利用不合理、健身器材配置与摆放不合理、建筑材料浪费等。因此社会迫切需要对体育健身市场了解、关注并敏感的建筑学专业人士进入到“健身俱乐部设计”这样一个看似不大，却有极大发展潜力的领域来进行交叉研究。而本书的作者蒲仪军先生就是这样一位有心者：他有良好的设计学教学背景，并长期从事设计及研究工作，又对健身行业热爱。他在收集资料和编写本书的过程中多次和我交流，让我感觉到他在研究中的投入和热忱。他对理想的坚持，一丝不苟和严谨求真，使得本书在健身行业和设计行业都具有一定的分量。

我相信，本书的出版将对我国健身行业特别是健身俱乐部设计方面具有较强的指导意义和参考价值，并会对健身俱乐部发展起到积极的推动作用。

金宇晴

中国健美协会副主席

上海健康产业发展促进协会副会长

一兆韦德健身管理有限公司 CEO

2011 年 3 月于上海

目　录

第一章　健身俱乐部概述

当今社会，随着人们的生活水平不断提高，闲暇时间增多，对健康的追求也就越发主动，体育消费支出比例也随之越来越大，健身已经成为人们日常的生活方式。在我国，体育的产业化、市场化、社会化程度也越来越高，使得各种形式的健身俱乐部在全国各地不断涌现出来。商业健身俱乐部作为一种新型体育组织形式，以优质、独特的健身服务深受人们的喜爱，并且已经成为体育产业不可或缺的一部分，发展前景十分乐观。

一、相关概念分析

中文的健身其实涵盖很广，泛指重量训练、有氧舞蹈，甚至呼吸吐纳、爬山养生等一般促进身体健康的活动。本书研究的健身是健身房空间中的各种身体锻炼实践。

（一）健美与健身：bodybuilding and fitness

图 1　世界健美冠军钱吉成

英文词汇 bodybuilding 可以翻译为健美，而 fitness 可以翻译为健身，都是身体锻炼的方式。但从 bodybuilding 到 fitness 的变迁，代表了身体锻炼市场的发展趋势，也代表了世界身体潮流的历史风景。在健美运动最早兴起的美国，开始是以专业运动员为主要人群。20 世纪六七十年代健美运动又以大众文化的姿态浮现于美国社会。当时的健康风潮（fitness trend）给健身房带来了微妙的变化，锻炼硕大肌肉的健美先生不再是健身房的大多数，健身房的消费者变成了愉悦的下班休闲人群，人们追求的是男壮女瘦的美好身材。健身房不再是极端的肌肉工厂，而是适度的、向大众开放的、愉快的身体保养空间。在这里人们追求的是“FITNESS”，而不是“MUSCLE”。健身房中的实践方式，从早期的举重、健美，到后来丰富的各种健身实践，从具有劳动阶层色彩的单纯肌肉训练，演变成中产阶级消费的多元形式[1]。

图 2 全国健身冠军高信东

（二）健身房：gymnaslum

根据国家标准 GB/T 18266.2—2002《健身房星级的划分及评定》中的术语解释，健身房是指：设有集体健身场地、负重和有氧健身器械设备以及健身指导人员，并向消费者提供有偿健身健美服务的体育场所。

（三）健身俱乐部：Fitness Club，Fitness Center and gym

“俱乐部”一词源于欧美，其英文单词为 CLUB，亦可称总会，意思为社交团体以及公共娱乐场所的统称。我国《辞海》对“俱乐部”解释为：各种娱乐活动场所的统称。

商业健身俱乐部，是为其会员提供良好的健身服务和完善的健身设施的营利性机构或场所。目前英文有 Fitness Club，Health Club，Wellness Club，Fitness Center 或 gym 等叫法。在中国市场出现时，大多翻译称之为“俱乐部”或“会所”。健身会所与健身俱乐部为一个词，俱乐部是早期的词汇，会所是现在流行的词汇，其实是一个意思。本书中的表述亦然，可以互换。

（四）健身项目的分类

健身俱乐部中的健身项目大体上分为两类：器械健身、团体课健身。

器械健身（body building with fitness device）：通过一定的器械进行或辅助训练的健身方式。器械健身一般分为抗阻力训练和心肺训练两种。抗阻力训练的一般功能是增加肌肉的力量、耐力和体积并塑形。常用器械有固定器械、钢索器械、自由重量器械、综合训练器械等。心肺训练的一般功能是改善心肺功能，燃烧脂肪。常用器械有跑步机、椭圆机、划船机等。

团体课健身（group fitness class）：在一定条件的训练空间里，配备音箱、灯光等设施，由教练带领会员一起按照编排好的套路，跟随音乐锻炼的健身方式。团体健身课程一般分为动态课程和静态课程两种。动态课程强调跟随音乐节奏和速度做出动作，动作较快，注重身体性能的提高，有舞蹈、搏击操、杠铃操、动感单车等。静态课程比较注重身心的修炼或身体的平衡性及静态的耐力，如瑜伽、普拉提、太极等。

二、健身产业概述

在当今，作为朝阳产业的世界健身业的发展非常迅速，已成为各国国民经济新的增长点。20 世纪 80 年代以来，日本、法国、英国、德国及北欧国家的有偿健身体育成为国际体育运动发展的主流。以美国为例，1988 年美国健身产业的产值已达到 631 亿美元，甚至超过了石油化工。到 1999 年，美国健身产业的产值增加到 2000 亿美元，成为美国的支柱产业。[2] 以健身娱乐为主的余暇产业在美国各州的产值排行中均跻身前 3 名，健身服务已经成为美国第 4 大产业。[3] “在美国，每 4 万人拥有 1 家健身房，有 4000 万人在跑步机上流汗，在香港每 25000 人拥有 1 家健身房，每天有近 30 万人活跃在健身房里。”[4] 健身已经成为一种世界潮流，一种生活方式，更是一种新兴的经济活动形式。

随着我国经济的发展，自 20 世纪 90 年代末以来，我国体育健身产业蓬勃发展，人们已经不满足于简单的、直观的、分散的室外健身。他们需要有专业的场地、专业的器械、行之有效的锻炼效果以及有组织的、有专业教练指导的健身。因此以健身俱乐部形式出现的专业性健身场所的数量和规模都有大幅度提高，健身俱乐部的数量成几何式增长。健身产业在北京、上海等大城市中每年以超过 20% 的产值增长，并且关联着其他产业，如服装、器械、饮料等的发展。[5] 随着城市中白领阶层的大量涌现，带着各种需求的人们纷纷加入健身俱乐部，感受着新鲜时尚的健身方式。城市居民用于个人健身的消费每年以 30% 的速度递增，明显高于全球 20% 的平均速度。健身市场越来越体现出强大的生命力。

在我国，健身俱乐部经历了从单一小作坊式向大规模经营，单店模式向地区乃至全国连锁经营，单一的酒店健身中心向商业健身俱乐部和社区健身中心多元化发展的格局。据初步统计，我国现有大小健身机构逾 2 万余家，按全国人口 15 亿计，人均健身机构拥有量为每 70000 人才拥有 1 家健身机构，与澳大利亚等发达国家每 30 人拥有 1 家健身机构相比，还存在很大距离。而美国的健身俱乐部的会员数在 2008 年已达到了 4150 万人。[6] 在健身氛围非常良好的美国加州洛杉矶惠尔蒂市，只有 700 英亩（约 283.5hm^2）的城区里，就有 6 家健身俱乐部、2 个公共游泳池、2 家搏击拳馆、1 家兼备瑜伽与 SPA 项目的放松中心。[7] 目前我国按照总人口计算，平均 100 万人还不到 1 家健身俱乐部。以北京为例，1300 万人口为基数的北京可以容纳四五百家较大规模的健身俱乐部，市场巨大。[8]

三、我国健身俱乐部的发展趋势

1995 年以前，大部分俱乐部的投资者是跳操教练或器械教练。他们大多出于对这一健身项目的酷爱，最初是为了自己的训练或找到自己可以做主的“舞台”开设了健身俱乐部，其中很多以自己的名字命名。大多数俱乐部仅提供器械训练或跳操，至少比较偏向提供其中一种健身服务。这时期的俱乐部专职人员较少，场地面积多为 500 ～ 800m^2，有的仅租用学校、体育馆或单位场地的部分时间段开展健身项目的经营。

1998 年以后，开始有俱乐部中的会员由于自己曾经在健身训练中体会到健身的益处，同时似乎感到了其中的商机，开始投资创办自己的俱乐部。这时期的俱乐部开始注重服务，有了专职的服务人员，选择的面积也增加到了 800 ～ 1500m^2，并普遍提供器械和跳操项目来满足不同男士和女士的需求。特别到了 1998 年以后，由于更多的科学健身理念的普及，人们开始意识到器械训练对女子塑形的作用，因此，器械区在俱乐部的比重也得到重视。

直到 2000 年以后，更多的公司以商业目的开始驻足、投资健身俱乐部，俱乐部的项目除了有器械训练和跳操外，有的俱乐部还包括游泳、球类和附属的美容按摩等设施，很多人习惯地把这类俱乐部称之为商业健身。

从俱乐部投资人的演变过程不难看出，国内健身行业不断发展壮大，投资俱乐部这一商业模式受到越来越多人的重视。

目前国内俱乐部发展比较值得关注的俱乐部如下：[9]

1987 年 5 月，国内第一家全天开放的健身俱乐部“力生健康城”成立，标志着专业健身俱乐部的开始。

1989 年 7 月，被誉为“公园式的健身俱乐部”的健力宝健身健美乐苑在广州开业。

1995 年 7 月，深圳中航健身会成立，至今已在深圳开设 10 家分店，成为地区知名品牌。

1998 年 5 月，北京月坛天行健身会成立，成功推出“街舞”、“搏击操”等集体项目，成为传统健美操教学方法过渡到“循环学法”的推动者，由于 2008 奥运场地使用，于 2005 年 10 月关闭。

1998 年 6 月，北京浩沙健与美健身俱乐部成立，目前在国内发展数十家，成为健身行业的知名品牌。

2000 年 11 月，上海金吉姆健身俱乐部开业，第一家以品牌加盟的国际健身品牌在国内落户，2003 年 11 月由于场地原因关闭。

2000 年 12 月，上海美格菲健身俱乐部在上海最繁华的商业地段开业。

2001 年 10 月，上海一兆韦德健身俱乐部成立，成功地创建了与房地产开发商共同创办社区健身俱乐部发展的模式。

2001 年 6 月，北京青鸟健身俱乐部和力美健健身俱乐部的开业，标志着商业健身俱乐部的开始。

2002 年 5 月，中体倍力健身俱乐部成立，是国内国外两家上市公司联合打造的健身品牌，是国内第一家美国健身品牌入资的企业，开启了国内健身品牌加盟管理的时代。

近几年，健身市场随着经济的持续发展，呈爆发性增长态势，同时业态形式向多元化、综合化、专业化、层次化方向发展。大中型城市健身俱乐部的投资规模无论数量还是经营面积都向大型和豪华型发展。一兆伟德健身位于上海市中心的城市会所的面积更是达 3 万 m^2，成为城市中心的超大型健身综合体。

随着市场多元商业化的发展，健身馆已不单单是健身的场所，更向集合商务洽谈、健身锻炼、休闲娱乐于一体的高档次空间发展。北京、上海、广州等作为国际化大都市，健身俱乐部的发展也是国内首屈一指的：青鸟、中体倍力、一兆韦德、力美健、浩沙等中外知名品牌已在此开设多家店面。

越来越多的商业健身会所设施开设在大型的商业综合体内，毗邻地铁，

图 3 位于上海市中心城区的一兆韦德城市会所

图4 位于上海某大型商业中心里的健身会所

交通方便，形成了购物、餐饮、休闲、娱乐等一体化的生活体验。同时，商业健身会所与其他康体娱乐机构如SPA会所、台球俱乐部等组合在一起，使人们可以得到一站式的娱乐休闲服务。

同时，大量中小型单功能或个性化的俱乐部也在不断出现，如：动感单车馆、瑜伽馆、高温瑜伽馆、普拉提馆、女子美容形体馆等。一些美容机构在激烈的竞争形势下，也纷纷开设形体综合项目以增加吸引力。有业内人士认为，未来10年，“高端小型健身工作室”也是最佳的商业模式和发展契机。[10]

在中小城市开设健身健美俱乐部或健身美容俱乐部，特别是具有国际品牌和连锁效应的俱乐部，往往成为当地的时尚引领者，因具备无竞争的环境和极大的市场响应而成为众多投资者的首选。

低碳的、环保的、高科技化的理念也在健身行业里流行起来。人们对于健康的追求亦带有了对于环境保护的考虑，越来越多的健身会所将低碳的观念贯穿到健身房设计、管理、运行的各个方面，使其不仅适合健身，更能体现出健康环保的新观念。上海世博村的未来健身馆就通过室内大面积会呼吸的植物墙、微循环水系统等措施体现出了低碳环保的主题。

但是，即使在健身俱乐部呈几何级数增长的情况下，仍不能满足人们对专业健身机构的需求。一方面，健身机构专业从业人员供不应求，但健身教练的发展水平和速度相对滞后。另一方面，健身俱乐部的装修和设施愈发高档和奢华，但健身房的设施和布局因缺少规范及相应的指导不尽合理，体现不出健身俱乐部的品牌特点和潜在优势。整个作为朝阳产业的健身业的发展处于新兴阶段，各个方面都需要制定标准，提供准则，为健身行业的健康发展提供保证。

作为商业性的营业场所，健身俱乐部的室内设施和布局与健身房的硬件实力一样是吸引消费者的关键。健身会所的设计不仅仅是对其进行装潢，更重要的是正确定位、合理布局、体现风格，并且让消费者在进行体育锻炼时能够感受到浓厚的运动文化氛围。健身俱乐部布置与设计的好坏直接影响消费者的再次购买动机。而这方面的研究目前在国内还处于空白。

注释

1 王兆庆，丑怪的理想身体：台湾健美运动的社会学研究（1958—2003），台湾大学社会学研究所硕士论文，2004 年 7 月，P1—3。

2 任海等，论体育资源配置模式——社会经济条件变革下的中国体育改革（一），天津体育学院学报，2001（2）。

3 李小芬，我国商业健身俱乐部的发展特征与经营模式，上海体育学院学报，2006 年 5 月。

4 高宣扬，流行文化社会学，中国人民大学出版社，2006 年，P278。

5 李小芬，我国商业健身俱乐部的发展特征与经营模式，上海体育学院学报，2006 年 5 月。

6 卞光明，2008 年健身产业大盘点，健与美，2009 年第 1 期，P126。

7 王风珣、李欣等，美国健身文化目击与漫记，健与美，2010 年第 12 期，P65。

8 刘雪勇，体验经济——健身俱乐部未来的房展模式，北京体育大学学报，2006 年 8 月。

9 2011 年 4 月 10 日与张林先生访谈。

10 本刊编辑，中国的健美痕迹，健与美，2011 年第 1 期，P98。

第二章　健身俱乐部的设计策划

开办健身会所需要场地和资金等方面的投入，因此必须要对市场进行周密的调查和研究，为投资者的项目决策提供专业、可靠的投资依据。通过对市场需求的分析，调研的结论可以作为控制投资的依据和成为设计基础（Reliable information）条件，来确定健身俱乐部的投资，并减少投资决策风险，防止由于决策和设计的盲目性导致日后重复建设改造而造成资金的巨大浪费。而目前设计工作发展的最新趋势，不只是设计师帮助业主实现设计任务书的要求，而是需要设计师积极地参与到业主的投资分析、决策的各个环节，通过对投资全程的认识和理解，来深入地了解项目，并帮助业主及时地调整决策方向，更加清晰和完善设计任务书，使得经营的意图更能在设计上得到体现，从而使得业主在经营上获得更大的成功。

因此，设计师若能了解整个设计策划的流程，并懂得一定的市场营销知识，能更多地从商业发展的角度去切入设计，再结合自身的专业优势，定会在设计过程中充分理解市场，表达业主的需求，为其创造出不仅内容精良，而且市场成功的商业设计。

一、项目可行性分析

对健身俱乐部项目清晰的认识（Know better the project）可以通过健身俱乐部项目可行性分析论证来实现，对项目开发的 SWOT 分析（优势、劣势、机会和风险），以及健身俱乐部的规模定位、星级规划、设施设备组合、未来的经营业绩、利润成本预算等逐一进行市场调研，来进一步确定该项目的可行性。

调查研究的手段包括：实地调查，网上及图书馆资料收集，相关人士访谈，比较分析等。

比较完善的可行性分析报告主要包括以下内容：项目 SWOT 分析，项目地段及客源调查与分析，项目市场定位分析，经营及营销模式分析，管理模式和财务分析，项目可行性论证结论，经营内容规划图。

以上可以由专业的策划公司进行，而建筑及室内设计人员可以作为调研团队的一分子在前期进行介入，从而更好地把握整个设计的定位和立意。

二、健身行业的特征

每个行业都有自己的行业特征，了解及把握相应的行业特征才可以正确地理解本行业的运行特点。健身俱乐部的功能特征主要体现在群众个体参与性强、参与频率高，市场定位主要针对某一特定消费人群，注重品牌营造和树立个体形象，教学方法符合现代都市人所推崇的生活方式四个方面。

健身会所是一个具有独特体育运动设施的俱乐部，在对其进行分析的时候，人口、年龄、家庭收入和职业是判断顾客群中最重要的统计变量。消费者参加健身俱乐部的原因多样，根据上海市一项调查[1]（2007 年 3 月到 9 月的问卷调查）分析得出的结论，健身会所的会员有以下特点。

根据此项调查，在上海，会员参加健身俱乐部的首要动机是促进形体健康、健身健美，列在第二位的是改变体形、减肥。排在第三位的是愉悦性情、舒缓压力。而同时人们参加健身俱乐部的动机也多样化：家人、朋友的影响，兴趣

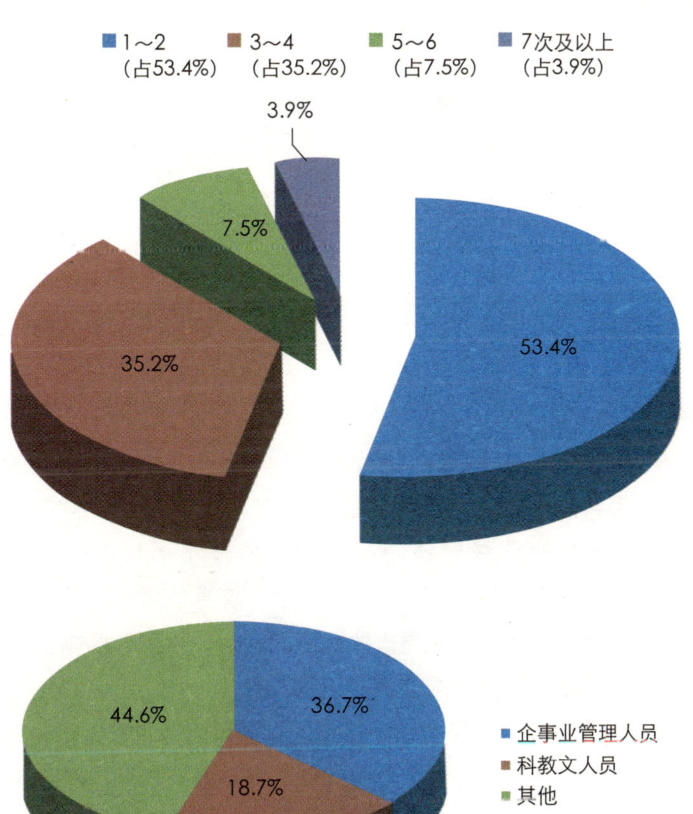

图 5　上海健身俱乐部会员每周健身次数

图 6　健身会所消费者职业

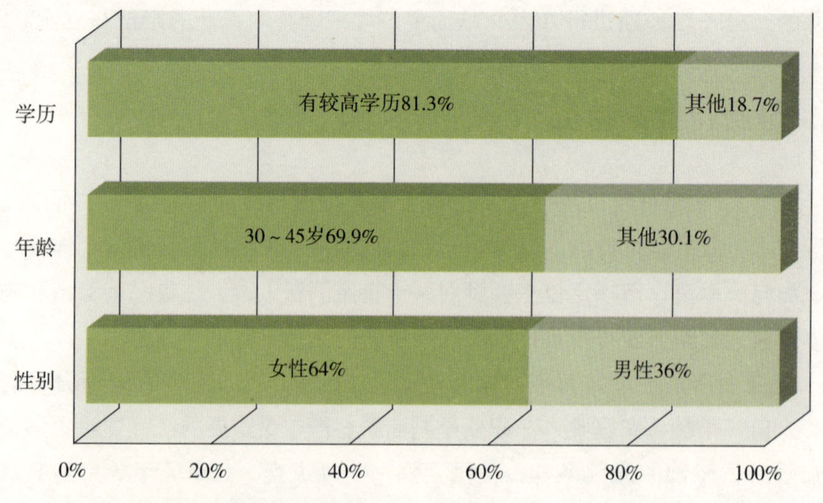

图 7　消费者参加健身会所特点

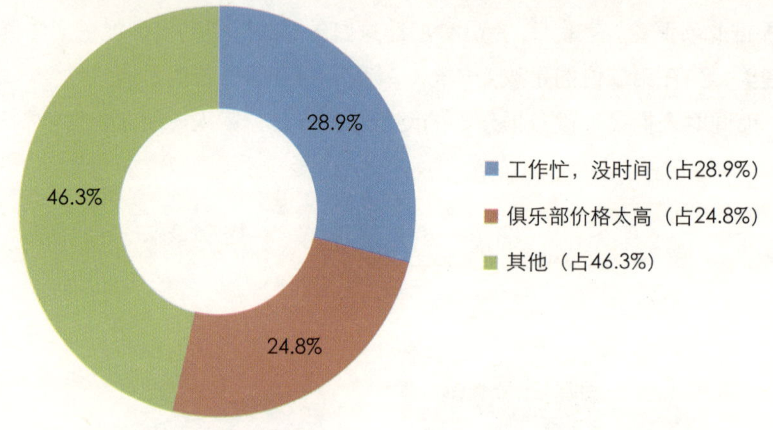

图 8　影响消费者参与健身俱乐部的因素

爱好，增加人际交往，学习健身方法，扩大社交，家庭娱乐等都是参加健身会所的动机。

健身俱乐部会员每周进行健身的次数相对较多。其中每周健身 1 ～ 2 次的消费者人数最多，3 ～ 4 次的消费者次之，5 ～ 6 次的消费者很少，7 次及以上的消费者非常少。

在健身俱乐部的消费群体中，女性明显多于男性。在年龄结构上，30 ～ 45 岁区间的消费群体占主流。从参与商业健身俱乐部活动的消费者职业看，企事业管理人员和科教文人员占的比例比较大，且消费群体多以高学历为主，具有大学及以上文化程度的消费者比例较高。

影响消费者参与商业健身俱乐部活动的首要因素是工作太忙，没有时间；其次是服务项目价格太高，经济条件不允许。月均收入与月均消费存在正相关系，说明商业健身俱乐部消费者的消费水平受个人经济状况制约。同时也取决于经济发展引发的人的观念、思维方式和行为方式的变化。

因此，以此类推，我国的健身市场应大力开发价格适宜、档次各异的大众普及型健身俱乐部，让大多数健身爱好者都能够参与到健身俱乐部进行各种方式的体育健身和锻炼，拓宽消费群体。

从调查发现，在目前的经济环境条件下，我国商业体育俱乐部的发展潜力是巨大的。

三、健身俱乐部的产品

健身俱乐部的产品是指俱乐部所提供的服务内容。健身会所作为一个提供服务的商业性运行场所，其服务内容指向并不唯一。作为一种体验式的消费模式，经营者和设计者应该清楚地了解俱乐部提供给消费者的不仅是器械健身，更重要的是健康和快乐，以及放松和友谊。要注意到健身会所的有形和无形的产品，在设计上能满足消费者最深层的需求，健身会所的设计和经营才能取得真正的成功。

俱乐部产品分有形的和无形的两种：

（一）有形的俱乐部产品

（1）面积的大小；

（2）设备品牌、数量和各区域的分布；

（3）室内装修效果；

（4）员工和教练的外貌、谈吐、形象和知识；

（5）宣传、市场推广活动和广告的形象。

（二）无形的俱乐部产品

（1）氛围：提供热闹、动感或激情的气氛；

（2）俱乐部的定位，即其品位的诉求、定位和品牌价值；

（3）交友的平台，一群近似身份、品位人群聚集交流的地方；

（4）额外的主题与兴趣活动。

只有清晰地体现出这些产品的特征，才可能做到和对手有所区分，才能建立有效的品牌价值。而品牌价值是避免恶性价格战的有效方法，这就需要经营者长期对健身俱乐部进行有效的建设和投入，才能培养出一个形象鲜明、具有吸引力和竞争力的品牌效应。

对于设计师来讲，健身会所的设计不仅仅是完成有形的装饰及空间布局，更重要的是需要通过对健身俱乐部所提供服务的深层次理解。通过细致入微的设计和考虑，通过有形的设计来实现无形产品的价值，使得人们在其中不仅感受到精良的空间设计，更感受到一种健身会所独有的生机勃

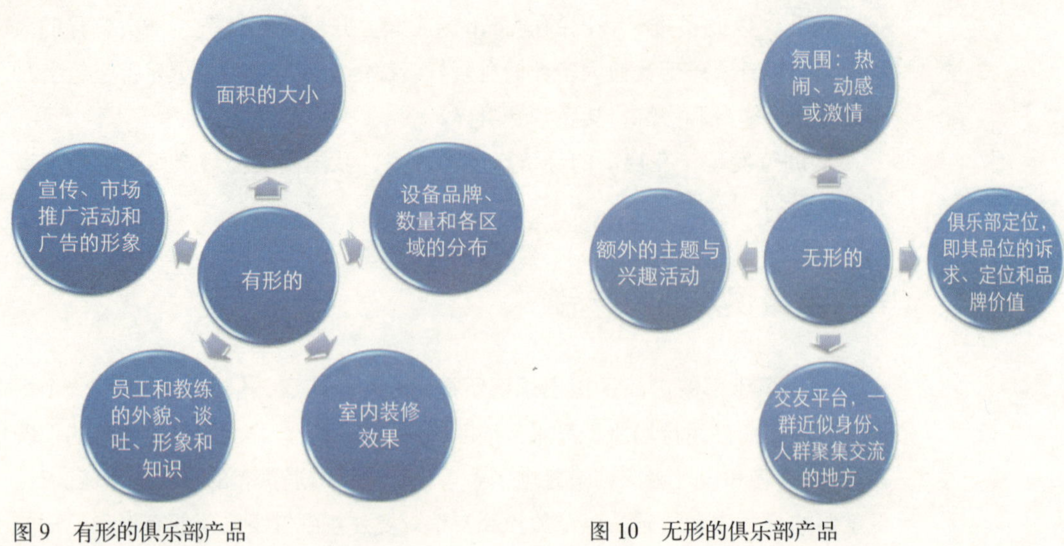

图 9　有形的俱乐部产品

图 10　无形的俱乐部产品

勃的力量，获得身份的认同感，收获友谊等，从而达到对于品牌的认同感和忠实度。

四、健身俱乐部的盈利模式

商业健身俱乐部的收入来源主要有：入会费，年费，私教收费，运动项目收费，其他如商务服务、小卖部、餐饮收入等。在以上项目中，会员缴纳会费占重要部分。因此，吸纳会员人数的多少与健身会所的营业额有密切的关系。

如今，走进健身俱乐部会发现，汽车、手机等广告越来越多地进入了会员的视野，俱乐部广告收入开始占俱乐部收入的一席之地。随着“分众营销”模式的成功，健身人群的商业开发价值与广告投放价值逐渐被高端企业所挖掘，对于企业来说，经济越不景气，寻找那些有能力健身、度假、休闲的客户就越为重要，因为他们并不为生活的基本保障而苦恼。选择越谨慎，越能保障企业顺利度过行业萧条期。

而健身会所与著名运动品牌的联姻也是健身会所新的利润增长点，在双方的合作化中使得各自的品牌形象更为明显，而运动品牌也可以在健身会所获得更多的

图 11　某健身会所中的手表产品广告

市场。

以上这只是健身产业价值开发中的一个小单元，还有很多空间未被充分开发和探索，随着市场的更加细分，相信未来的健身价值将会被挖掘得更加完善。

五、健身俱乐部的市场定位

健身俱乐部作为服务行业，健身环境的营造不仅是俱乐部提供给会员的一种硬件的服务，更是健身会所市场定位的体现。对于健身会所来说，科学的市场营销观念从装修时就应开始。许多健身经营者都十分注重俱乐部的室内装修，投入了大量的资金，但许多问题仍未考虑其中，整个经营的方向、形象如何诉求等都比较模糊。这必定会影响会所以后的长远发展。在俱乐部装修之前，经营者必须考虑到市场定位，其装修的风格和体现的文化也应符合目标人群的喜好和审美需求，这就需要设计者动一番脑筋，经营者也要谨慎地决策，不可草率行事。

健身俱乐部的市场定位可以通过清晰的广告形象诉求来实现，比如：世界著名的女子健身连锁俱乐部 CURVES 的目标定位非常清楚——家庭主妇，通过广告语“no makeup，no man，no mirrors”（不需要化妆，没有男人，没有镜子）使得其形象和针对性非常显著。而美国的 EQUIONOX 则是锁定大城市高端人群的健身中心，其形象口号是“it is not fitness，it is life”（不仅是健身，更是生活方式）[2]，将其独特的生活消费方式表达得淋漓尽致。中国的健身会所也都有自己不同的市场定位：舒适堡的定位为城市繁华地段的综合美体中心，以靓丽的广告、低廉的价格来吸引都市青年消费者；一兆韦德走城市会所和小区会所连锁经营模式；星之健身俱乐部的广告为“工作和家庭之外的”第一休闲空间；威尔士健身会所的特色为领先同行业的特色有氧操课程。通过定位将自己的特性明确起来，同时也在市场中找准了自己的位置。

俱乐部的装修成本应与市场定位相适宜，装修并非档次越高越好。俱乐部的装修应充分考虑到目标人群的消费心理，要准确传递出俱乐部的顾客群体的消费需求特征，装修投入过高的俱乐部会提高经营成本，同时也为将来发展连锁经营留下难以解决的问题。比如台湾著名的健身品牌亚历山大健身遭遇的困境：亚历山大作为华人世界最大的健身连锁俱乐部之一，每年光是台湾地区以信用卡付款的会费就超过人民币 2 亿元。但 2007 年的停业使得超过 1000 名员工、约 20 万会员受到影响，其中原因就有盲目的扩张在世界最高建筑台北 101 大楼内设顶级会所，巨额的场地费与硬件投资远远不及预期的顶级会员的招募，使得俱乐部财务情况急剧恶化，同时亚历山大在上海新天地的会所和台湾的君 SPA 运营业绩并不如预期。[3] 而以此为转折点，中国健身产业从一个店面数量高速扩张的膨胀期进入了一个相对比较谨慎的时期。经营成本过大、业务盲目扩张等都会导致健身会所的经营不善，因此必须要做好调查研究工作。

图 12 澳大利亚墨尔本某健身俱乐部外观通过简洁的 LOGO 将形象展示出来

图 13 澳大利亚悉尼某健身俱乐部室内即景，品牌形象得以强调

图 14　澳大利亚悉尼某健身俱乐部室内色彩设计（一）

图 15　澳大利亚悉尼某健身俱乐部室内色彩设计（二）

六、健身俱乐部的品牌形象

目前，健身会所在众多群众性运动设施场所中品牌营造是最为全面的，很多健身会所通过与国外知名健身品牌合作或借鉴，结合国内实际情况建设出自己的品牌形象，通过连锁经营来发展品牌，通过完善的管理来培育塑造品牌，通过可识别的设计来强化品牌。

目前，健身俱乐部的连锁和特许经营是大型健身会所快速发展所采取的重要模式。特许经营的优势和竞争力在于保持经营体系的管理、复制和保持整个经营体系的一致性。而连锁经营中的标准化有利于健身会所特许经营模式的复制，会所品牌与形象也会通过标准化来实现，而标准化的内容分为硬件的标准化，包括店面外观、内部装修、设备、工具、票据系列、工作服等，以及软件的标准化，包括经营策略、人事制度、员工道德规划、企业对于行为准则等。

在健身俱乐部品牌的营造中，标准化中最重要是视觉形象的可识别性的建立。俱乐部的视觉环境是会所整体企业形象中不可分割的重要组成部分，俱乐部在成立之初就应对俱乐部的视觉形象（VI）作出整体的策划，使标志、标准色、标准字体、标语等在俱乐部环境中合理运用，各种形象因素统一和谐。使每一位来俱乐部的顾客形成统一的认知和识别，从而加强了俱乐部信息传递的频率和强度，产生倍增的传播效果。

室内设计应通盘考虑到会所的视觉形象和标准化的制定，室内设计应使用健身会所的整体形象设计元素并使其室内风格形成一种可识别性的风格和模式，以利于健身会所的连锁经营的推广。

七、健身俱乐部的选址

对于实体店面商业来说，其成功最重要的是“选址”，对于健身会所来说亦然。健身会所除了提供“服务”，方便的地理位置是一个体育俱乐部为会员提供的最基本的利益之一。至于俱乐部的规模大小则由市场的需要而定。

健身行业的市场分割最重要的形式是区域性，80% 的会员工作居住在距中心周围 6km 以内，平均车程 15min 可视为确定距离范围的基准。路程花费时间越少，前去健身的次数越多。[4] 根据室运协的调查结果得知，健身会所的同行主要竞争是来自 6km 以内的提供同等设施条件的俱乐部，因此在进行商业策划时，一定要找出同区域内健身会所的差异性，才能在商业上获得成功。

进行健身会所选址的规划时都要考虑到交通的便利性和周围基地的居住、办公和商业等设施的布局。要从城市的商业网店总体空间布局的现状及发展规划出发，综合各种现实因素，把店址选择在具有较好商业效果或规划中重点发展的区域，才能取得较好的经营效果。因此健身会所会建在交通便利的繁华区和主干道公路旁，大型居住社区内。对新建的俱乐部，还要考虑发展的余量。

图 16　位于某大学里的健身俱乐部

图 17　某日本的健身俱乐部位于轨道交通附近

图 18　位于澳大利亚悉尼市中心的健身俱乐部

根据基地的不同环境条件，不同类型的健身俱乐部有着不同的选择方向。独立型健身俱乐部基地应该有足够发展的建设用地和适宜的地形地貌，用地规模包括车辆的出入空间和停放车辆所需要的场地，并应考虑远景发展的可能性。对于附属性健身会所，通常会选择品牌知名度较高的商业中心、商务中心、大型超市等，以店中开店的形式达到优势互动的发展前景，而在环境整体条件方面要考虑与其主体建筑的关系：主体建筑是否存在能够便捷到达健身会所的交通？主体建筑内部或附近是否有足够的停车空间？主体建筑交通是否方便，是否可能提供部分室外场地比如屋顶花园等？[5]

总之，俱乐部的装修并非只是花钱的问题，它是商业投资的具体项目组成，是俱乐部经营过程中的一个重要内容，经营者应从长远考虑，从整体经营策略角度综合考虑。

注释

1 许小珍、李金珠，上海市商业健身俱乐部消费者群体的消费现状研究，商场现代化，2008 年第 31 期，P67—68。

2 霍飞，六种健身俱乐部盈利模式分析，健与美，2010 年第 10 期，P94。

3 李豪杰，台湾亚历山大健身集团崩溃后的一些思考，健与美，2008 年第 2 期，P108。

4 周韵，广州地区健身俱乐部建筑设计研究，华南理工大学硕士学位论文，2007 年 6 月，P14。

5 周韵，广州地区健身俱乐部建筑设计研究，华南理工大学硕士学位论文，2007 年 6 月，P35—37。

第三章　健身俱乐部的功能分区

一、健身俱乐部的分类

在实际生活中，由于消费者的需求千差万别，因此根据健身会员的年龄、性别、职业、社会生活环境的差异及消费目的的不同，目前我国各健身房的区域划分和环境设计与布局都各有不同。健身会所也会根据不同的标准划分为不同的种类。

（一）按照场地类型的分类

健身场所按场地性质分主要有 3 类：第一类是酒店附属健身房，它是以星级酒店作为客户配套服务为主的健身场所，其服务人员和经营模式都有别于社会上的健身俱乐部；第二类是商业型俱乐部，以商业资本为主，各种软硬件投资都比较大，如青鸟健身、一兆韦德、中体倍力等俱乐部；第三类是社会福利性质的俱乐部，如部分社区、单位的健身场所。[1] 本书中涉及的主要为第二类功能较复杂的大中型商业健身会所。

（二）按照面积的分类

对于健身房规模，目前并没有一个明确的划分界定。通常，健身房的使用面积在 1600m^2 之下的为小型健身俱乐部，这类健身房一般为中小城市的商业健身场所居多；使用面积在 1600~3200m^2 之间的为中型健身俱乐部，目前，这类中型的健身场所最为常见；而面积超过 3200m^2 的健身会所为大型健身俱乐部。[2] 在我国，健身俱乐部的发展朝着大型化、专业化的方向，上千平方米的健身俱乐部已经非常普遍，上万平方米的健身场所也不断涌现。上海一兆韦德的城市健身会所面积已经超过 2 万 m^2。大型化的发展可以吸引最多的潜在消费者，形成集群效应，为健身会所的经营创造好的前提条件。

（三）按照星级标准的分类

我国国家标准 GB/T 18266.2—2002《健身房的星级划分及评定》对于健身会所的评级是以星级进行划分的：健身房评定划分为五个星级，即五星级、四星级、三星级、二星级、一星级。最高星级为五星级，最低星级为一星级。星级越高，表示健身房的级别越高。星级的划分以健身房的清洁卫生、环境与安全救护、设备设施及维护保养、服务水平为依据，具体的评定办法按照国家体育行政主管部门颁布的设施设备评定标准、设施设备的维修保养评定标准、清洁卫生评定标准、服务质量评定标准、顾客意见评定标准等五项标准执行。具体内容可参照本书附录二。

（四）按照建筑场地独立性的分类

健身会所一般都位于城市区域，根据建筑场地的独立性可以分为：独立型健身会所和附属性健身会所。

独立型健身会所以个体或群体形式建筑于城市用地之上，一种为新建，另一种为老建筑改建，其建筑的布局形式可塑性较大，空间灵活，自主性强。

附属性健身会所附属于某些公共建筑物内部，如大型的综合性商业中心、办公写字楼、体育馆、高层建筑裙房、部分社区内，目前，这类健身会所最多。这类健身会所内部的建筑空间与其附属的主体建筑有很大程度的关联性，各种功能用房及室内空间组合受主体建筑空间格局影响较大，以致其空间布局和空间组合方式会受到比较大的影响。

对于健身俱乐部的设计要综合考虑到俱乐部的业态、定位、评定等级来最后确定健身会所的面积。

二、健身俱乐部的组织架构

对于设计健身会所来讲，必须要全面了解健身会所的管理组织架构。由于健身会所的公司体系、面积大小、可设的项目不同，其内部组织结构可能会有所差异，下图是一个常规健身会所的组织结构。[3]

三、健身俱乐部的功能分区

健身俱乐部的室内设计一定要对健身房的功能区域合理划分。目前，关于健身俱乐部设施的规模和功能组成在我国仍缺少定量的标准和科学的理论依据。各个健身会所在最初策划其规模和功能组成时，一方面根据定量的市场调研，另一方面根据企业的经济实力及国内外行业经验等因素综合考虑。

据调查，自 2001 年以来成立的大部分中高档健身俱乐部，在最初策划时候按照平均每人 1~1.2m^2 的建筑面积这种经验值来大致确定会所的规模。但这种经验估算在经营项目内容为器械健身、健身操等运动的俱乐部内实用性较强。若经营项目存在其他内容，比如游泳、各类球类运动、室内长短跑等休闲

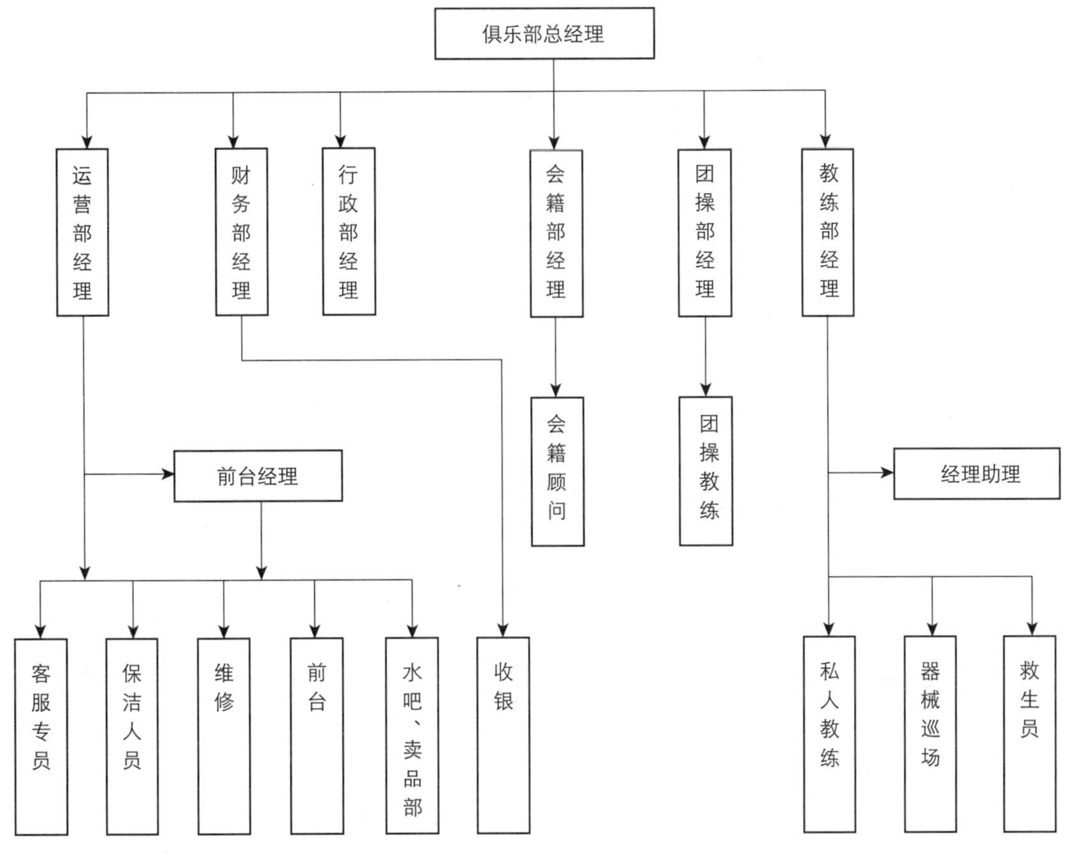

图 19　常规健身会所的组织结构

体育项目甚至某些娱乐项目时，则应该参照各种休育场所设施所规定的规模空间及相应配套设施的规模，并综合考虑前面提到的各种经验数值，统一规划，在相关规范和经验中寻求平衡点。并结合俱乐部的实际情况，使得各种功能最终能被充分有效地利用起来。[4]

健身俱乐部的功能分区可以分为主要功能区和扩展功能区。从调查中得知，有 90% 以上的健身房必要功能区域（不包括 100m^2 以下的健身房）主要由主体健身区、公共服务区、辅助及办公用房组成。这三个部分在平面布局上既相对独立，又紧密联系。经营性健身房内可根据各自的不同健身项目进行区域划分和环境设计。

这三个区域的具体规模和面积比例关系目前还没有较为完整和标准的参考数据，实际上各种层次类型的健身会所在设置各部分空间规模时考虑的因素是比较多的，如市场地位、投资、行业经验、场地实际等情况，因此，建筑面积配比关系繁杂，实际使用效果也反映各异。从调研中[5]可以得出主体训练空间一般占一半的面积，公共服务空间的比例也在三成左右，而且经营面积越大，公共服务空间所占的比例相对越高。行政管理及辅助用房面积比例最小。根据以上的调研，了解相关的设计经验，通过归纳总结，得出建筑面积 1500 ～ 3000m^2 的健身俱乐部的建筑面积分配的参考比例关系。

建筑面积 1500 ～ 3000m^2 的健身俱乐部的建筑面积分配的参考比例关系

建筑面积（m^2）	主要训练空间（%）	公共服务空间（%）	行政管理及辅助用房（%）
1500~3000	50~65	30~40	5

（一）一般健身俱乐部包含的健身区

从健身俱乐部的定义上我们得知其项目的设置以健身健美运动为主，具体种类以健身消费者的需求和时尚健身潮流为参考。具有一定规模的健身俱乐部目前都设置了三种运动种类：有氧耐力性锻炼运动、健身操锻炼和力量训练。这三种运动是新兴的健身健美运动中必备的内容。[6] 目前健身会所内部主要健身空间基本都是按照这三个运动种类去设置的。

（1）器械练习区：以各种器械练习为主的区域。

安置的主要设备有：

1）自由重量练习器：哑铃、杠铃、卧推架等；

2）等重量练习器：单功能训练器，比如肩部、胸部、手臂训练器等；

3）心肺功能练习器：跑步机、椭圆机、划船机、功率自行车、台阶器等。

本区域是会员进行训练最常使用的区域，也是会员活动最多的区域。在商业健身俱乐部中，器械区的面积占到整个俱乐部面积的 50% 以上。在健身

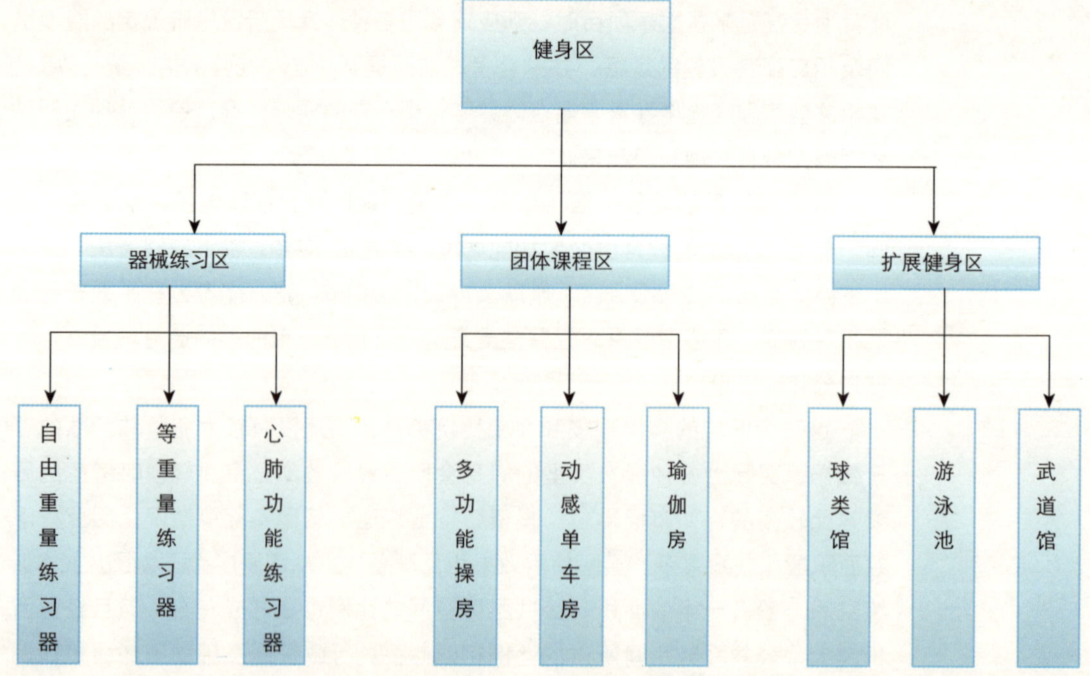

图 20　一般健身俱乐部包含的健身区

房的各种活动区域中，器械区应该是面积最大的，这样高峰期可以容纳的会员量就大了，俱乐部的收益也就高了。

(2) 集体课程区：大多数健身会所把在操房进行的、有组织地在教练带领下配合音乐完成的多人课程称为集体课程。俱乐部开设集体课程的主要目的是帮助会员进行有氧训练，达到健身、减脂，提高心肺功能和提高灵活性、协调性的效果。主要的集体课程区有：

1）多功能操房：主要进行拉丁、爵士、街舞、芭蕾、肚皮舞、踏板及莱美课程等，也可配置相关器械变成普拉提练习区，有时候也可以作为武道馆（空手道、跆拳道、太极、武术、拳击等）使用。

2）动感单车房：室内自行车运动，通过对不同的速度和阻力的联系，配上健身房内动感十足的音乐节拍、五彩缤纷的灯光，让练习者挥汗如雨，主要能消耗大量脂肪、改善肌肉耐力等。

3）瑜伽房：瑜伽（YOGA）起源于印度，其含义是“一致”、“结合”或“和谐”。这是一种达到身体与心灵和谐统一的运动方式，能改善人们的生理、心理、感情和精神方面的状态，包含着伸展、力量、耐力和强化心肺功能的练习。有规律的瑜伽练习有助于身心健康，保持活力，令思路清晰。瑜伽主要分为常温和可控制温度的热瑜伽等。因为瑜伽练习一般需要保持安静和寂静以便于冥想，因此一般采用专用教室。特别是热瑜伽，还需要特殊的加热设备。

(3) 扩展健身区：一些营业面积比较大的健身房在必要健身项目的基础上增加健身服务，例如游泳池、专用的武道馆场地、乒乓球馆、羽毛球场、网球场、壁球馆等，以提高健身会所的吸引力。在大型的健身会所中，游泳池是比较重要的配置。根据室运协的统计，设有游泳池的多种体育运动俱乐部会员比没有设游泳池的多40%。统计数据还表明，参加体育锻炼的人有41%都参加游泳运动，调查中有26%的人要求设游泳池。

（二）一般健身俱乐部包含的服务区

(1) 主要服务区

1）接待区：主要进行接待服务，是会所人流来往最集中的区域。包括前台、水吧、卖品部、会员休息等待区。

2）更衣室：这是健身会所很重要的功能区，包括更衣室、理容、卫生间、淋浴、桑拿房（干蒸、湿蒸）甚至有推拿间等。

3）寄存区：提供会员长期租赁的柜子等。

4）体测区：对会员进行体能测试的区域，以便客人入会后，检验自己的体格，并编排适合的运动程序及难度。设置各种仪器，并应设小型电脑记录客人的活动及编印报告表。

5）VIP 私教专区：私教是指健身俱乐部中进行一对一的有偿指导的、提

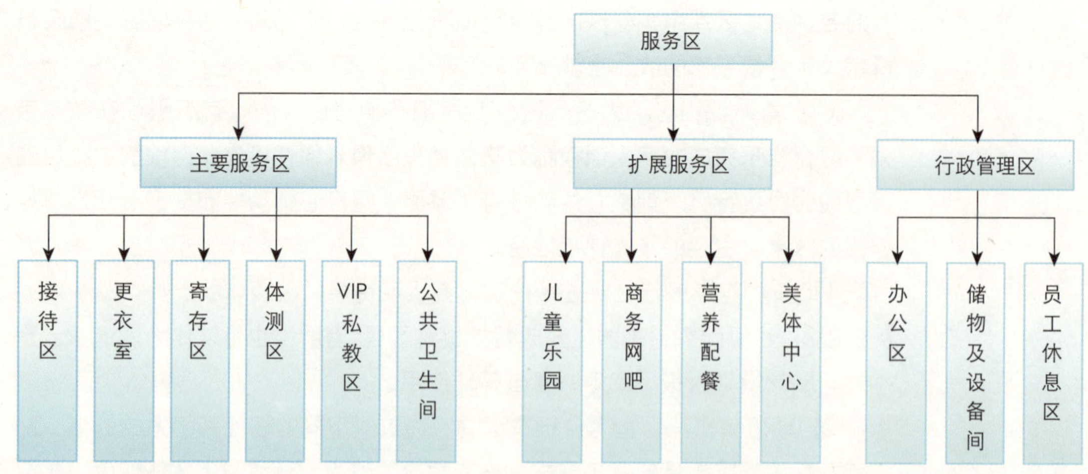

图 21　一般健身俱乐部包含的服务区

供专业化健身服务的健身教练。在大中型健身会所中须设置一个区域，使得私人教练可以在其中指导会员而不被干扰。

6）公共卫生间：部分健身俱乐部在训练区设立独立的卫生间。一般健身会所都将这个卫生间和更衣室的卫生间合并，以节约用地。

（2）扩展服务区

1）儿童乐园：提供给和父母一起来健身的儿童进行休憩玩耍的地方。可设置一些简单的儿童游戏设置，这是健身会所体现人性化的细节设施。

2）商务网吧：提供给健身会员进行网上活动的区域，这样便于会员特别

图 22　健身俱乐部中的儿童乐园

是很多白领会员在休闲运动之余也可以处理公司的邮件等业务。

3）营养配餐中心：对于大型的健身中心可以设一个快餐部。可以为会员提供午餐和晚餐。特别在位于繁华的商务区和办公区的商业健身会所，这样就为会员提供了方便，使其在健身完后不用再找地方吃饭或回家做饭。根据市场调查表明，都市白领对于健身会所设置快餐部的需求很大，这反过来说也是健身会所新的利润增长点。

图 23　健身俱乐部中的配餐中心

图 24　香港某健身会所与 SPA 联系在一起

4）美体中心：SPA、推拿按摩、美容等。使得会员在健身完后可以就近进行一条龙的健康服务。

（三）一般健身俱乐部包含的行政管理和辅助用房

（1）办公区：销售人员办公区、教练办公区、店长办公室、财务办公室、会议室等。

（2）储物间及设备间：用于物品储藏和建筑设备比如水暖电的控制间。

(3) 员工休息区：可根据实际情况设立带有淋浴的员工休息区或仅供就餐的员工休息区。这一部分根据实际情况也可以和办公区合并。

四、健身俱乐部的特色

健身会所除了一般的健身会所应备有的设备项目外，也会具备一定的针对性，并具备相应的特色。一般体现在器械和场地的数量上，如可单独增设壁球馆或者羽毛球馆、游泳、攀岩等，突出健身会所的针对性，形成一个主力方向，可吸引更多的顾客。

根据上海主要几家健身会所开设的健身项目来看，其设置与健身会所的面积、经营方向、地理位置等相关。同时，尽量的提供扩展的健身项目以及扩展到服务比如上网、幼托、餐饮、美容等，可以提升健身会所的人气，扩大其目标消费群体。

图 25　日本某健身俱乐部提供攀岩项目

五、健身的功能流线

健身俱乐部按人群的人流需要划分功能流向。人群分为：顾客、教练、管理人员、清洁人员。人流分为顾客流和员工流，以顾客流向为主流。这两股人流有各自的活动轨迹和范围，但在一定的服务空间中又存在对话和互动，设计要按照功能合理划分区域流向。各个区域间应该有明显的分界和较明显的分区标志，以免人流混淆，造成不必要的不便和干扰。

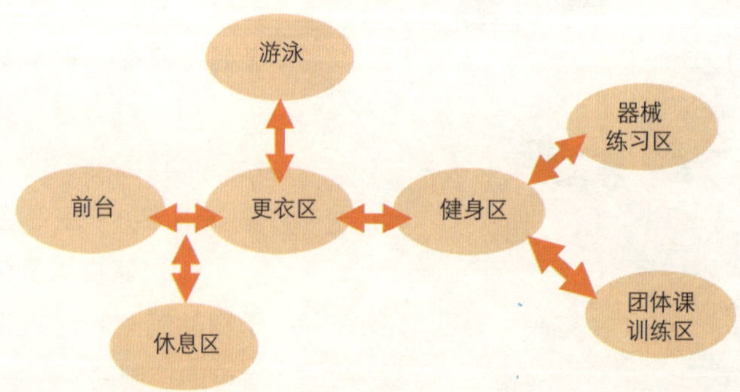

图 26　健身俱乐部会员流线

图 27 健身俱乐部工作人员流线

注释

1 李小芬，我国商业健身俱乐部的发展特征与经营模式，上海体育学院学报，2006 年 5 月，P26。

2 2010 年 11 月 10 日与一兆韦德 CEO 金宇晴先生访谈讨论。

3 金宇晴、张林主编，健身俱乐部经营与管理，中国劳动社会保障出版社，2009 年 4 月，P4。

4 周韵，广州地区健身俱乐部建筑设计研究，华南理工大学硕士学位论文，2007 年 6 月，P30。

5 周韵，广州地区健身俱乐部建筑设计研究，华南理工大学硕士学位论文，2007 年 6 月，P55。

6 张先松，健身健美运动，高等教育出版社，2005 年，P5。

第四章　入口大厅设计

入口大厅及接待处的主要功能有接待和管理会员、提供咨询和服务、会员休息等待等。它是整个健身会所人流最频繁的地方，也是消费者对健身会所的第一印象。本区域不仅是整个健身会所最重要的接待区，也是健身会所形象最重要的展示区。

一、入口大厅的功能组成

入口大厅接待处具体功能组成布局见下图。

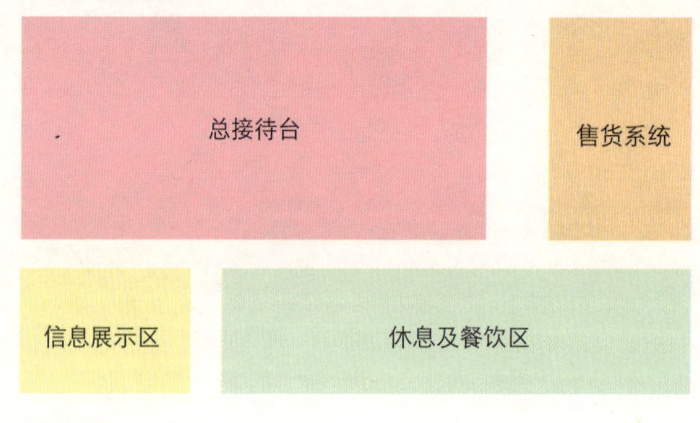

图 28　入口大厅接待处具体功能组成布局

（一）健身会所的正门：是健身会所的入口，是整体形象的展示区。

（二）总接待台：提供会员接待与问询、结账等服务，也是整个健身会所服务的枢纽，非常重要。

（三）休息区：会员进行休息等候的区域，一般有座椅沙发、饮水机、电视、杂志栏等设施。

（四）售货系统：包括自动售货机和其他健身用品，比如服装或健身营养品的展示售卖等。

（五）信息展示区：布置和张贴有健身房简介、服务项目宣传品、信息告示板、宾客须知和意见箱。一方面可以布贴重要的告知，另一方面也可以方便会员的交流。同时这个区域也可以开发广告效应。

目前，为了提高会员的接待效率，降低健身俱乐部的运营成本，国外部

图 29　接待台设计流线动感，配合植物墙，生态环保

图 30　入口大厅高耸气派，尊贵典雅

图 31　接待台以圆为元素，颇具设计感

图 32　接待台用发光石云制作，非常抢眼

图 33 休息区温馨宜人

图 34 澳大利亚悉尼某健身俱乐部售货区域

图 35 国内某健身俱乐部售货区域

图 36　信息展示区（一）

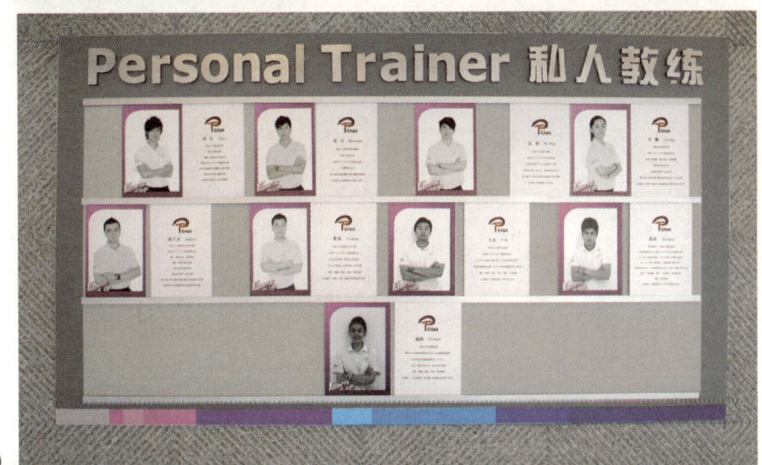

图 37　信息展示区（二）

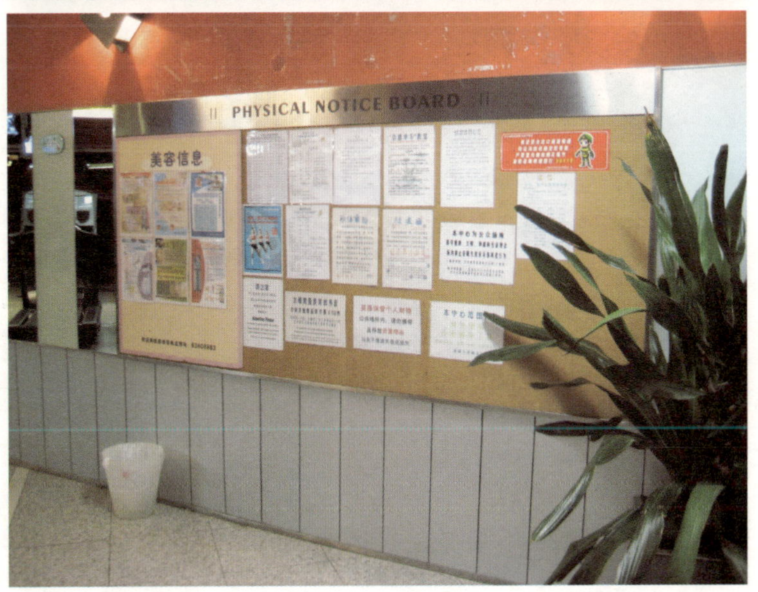

图 38　信息展示区（三）

分健身会所在会所入口采用了会员自动刷卡的自助服务系统，也使得俱乐部管理非常便捷清晰，目前国内部分俱乐部也开始采用。

图 39 澳大利亚悉尼某健身俱乐部入口IC管理系统

二、入口大厅的布局

本区域是公众对健身俱乐部的第一印象，因而它应该在临街面清楚易见。入口应该足够大，并可设置雨篷，保护人们在雨雪天不受影响，并通过招牌、灯箱等组合设计使得健身会所的标志明显。若俱乐部不位于建筑物的首层，则要利用悬挂在主建筑外墙上的广告标志来吸引顾客的注意。在底层建筑物的主要入口和楼梯及电梯间内有明显的指示和标牌。入口处大门可以为感应式，当有人接近时能自动开门，这有助于残疾人通行。入口应设有门垫，门垫应足够大从而使鞋底清洁，减少带入更衣室的泥土。

接待台应是此处的中心点。接待处应该醒目，使进入建筑物的人们能够清晰地看见，且尽可能地直接。另外，接待台后的员工应该能够清晰地看见进入和离开的人们；员工应能对毗邻区和建筑内通往其他部分的人流进行视觉监管，比如休憩区、售货机、走廊或进入第二层的楼梯。

在接待台前不应有交叉或重复的人流通过，否则在高峰区会妨碍员工监

图 40 澳大利亚墨尔本市区位于公共区域的健身会所指示牌（左）

图 41 健身会所的入口接待位于电梯出口，有管理作用（右）

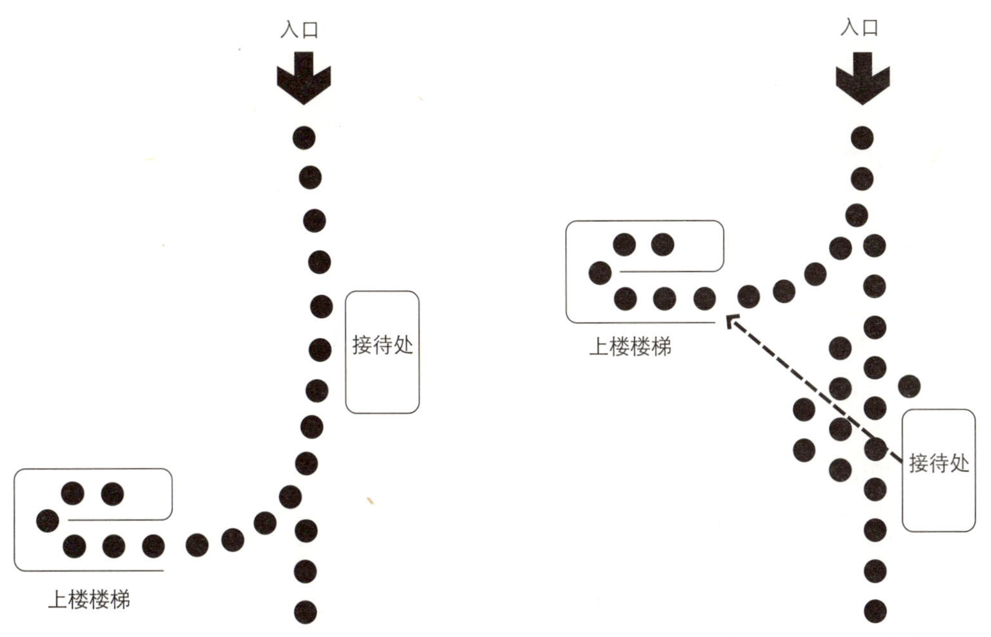

图 42　接待台处的人流组织，较好（一）

图 44　接待台处的人流组织，容易产生人员动线干扰

图 43　接待台处的人流组织，较好（二）

图 45　健身会所入口休息区的别致设计

督。可以在接待台设立去建筑内各部分的不同道路而不是在接待台前设通道让顾客离开入口大厅。这种方法可以使所有的人经过接待台去往会所的不同部分。

本功能区是健身俱乐部最重要的形象展示区，因此也是室内设计的重点。本区域的设计要在完善功能的前提下考虑如何将健身会所的定位和风格体现出来。而且应该重点突出，接待区域是本区域的设计重点，接待台及背景墙应结合企业 LOGO，突出风格定位，具有一定的视觉冲击力，让人过目难忘。

休息区的座椅以沙发质较舒适，并以组团形式布置，方便会员交流。其形态非常重要，应该具有雕塑感，简洁大方，能和环境相得益彰。饮水机的位置也与休息区布置在一起，方便会员使用。

公用电话应设在能为使用者提供私人空间的地方，但应能从接待处看得见。应该设置挂钟等时间显示设施，这对于会员掌握时间、提高效率非常重要。

前台或接待室要有一个闭路监控系统，用来监视事故和偷窃的行为。

三、入口大厅的规划

（一）接待台规划

接待台的大小、面积可根据现场实际空间的大小而定，在设计接待台时应考虑以下几处：

（1）平时至少有 2 个员工工作，高峰期 2 个或更多的员工可以同时工作；

（2）有寄放租用品和其他设备的地方；

（3）现金存放系统，保证收银的安全性。

接待台内部应该设有：

（1）收银系统：使用桌式自动收款机、电脑打印账单系统；

（2）电话交换机，麦克风内的公共广播系统；

（3）会员信息交换系统：会员的手牌或毛巾等设施的发放等；

（4）前台区域照明和紧急控制系统等。

（二）饰面材料

地面饰面的选择应考虑到入口大厅是健身会所内使用频率最大的地方。因此，饰面应很牢固，易维护，可以防污和防烟火。石材或仿石材的玻化砖贴面可以使得空间高档，再配以不锈钢或玻璃，又会使得空间具有现代感。同时，木质材料的运用可使得空间显得温暖宜人。

图 46　健身会所入口接待台的正反面（一）（左）

图 47　健身会所入口接待台的正反面（二）（右）

墙壁、顶棚以及照明都必须能为入口大厅创造一个温馨迷人的氛围，这一点极为重要，因为它会给出入者第一印象，墙面都需要进行装饰，使其感觉高档。吊顶部分，应该考虑与电线和其他服务设备的协调统一，材料可用轻质的石膏板或金属扣板等，并形成一定的造型。

（三）设备设计

（1）照明

除提供一般性照明以及烘托入口大厅的氛围外，照明体系应特别突出接待台、墙面展示和方向标志。接待台与入口大厅的灯光不应该低于接待处的灯光水平。

（2）供热和通风

因为入门大厅易受外部气流的影响，所以应考虑安装足够的空调设施。尤其是有较多座位的休息区，同时应避免空调气流直接吹到人体。

四、入口大厅拓展功能

（一）餐饮服务

对于市中心的一些大型健身俱乐部，考虑到很多健身者是下班后直接到健身会所健身的，没有吃饭，因此可以给会员提供餐饮服务，既满足了会员的需求，也为会所带来了新的利润增长点。

图 48　餐饮服务布局（一）

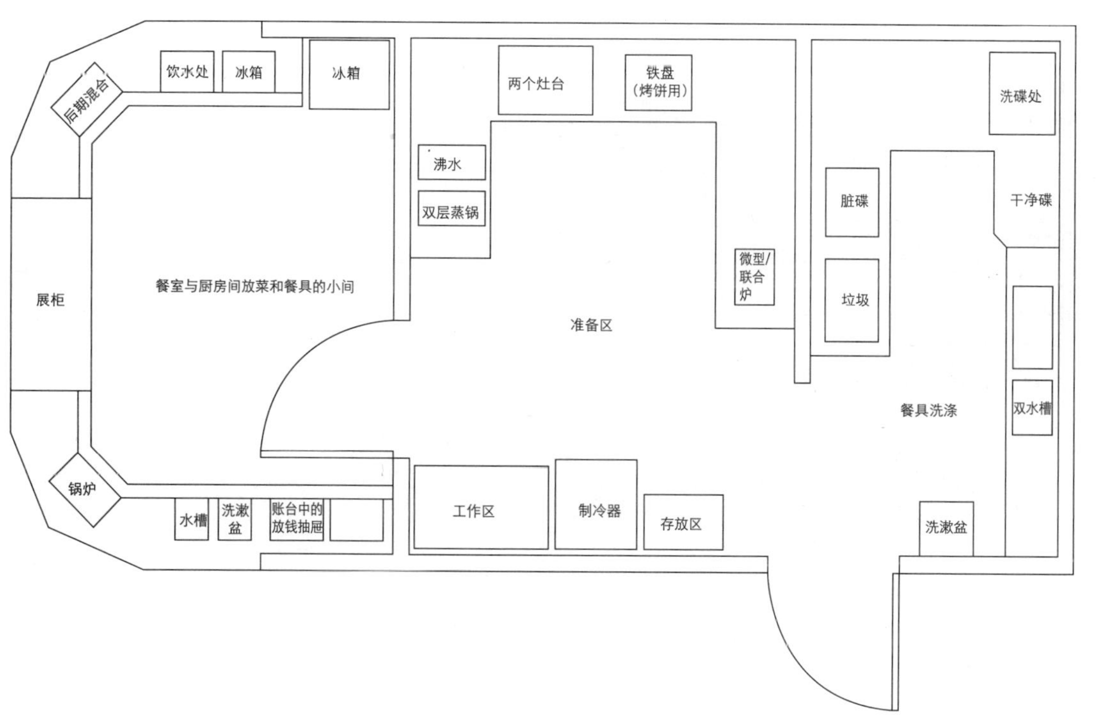

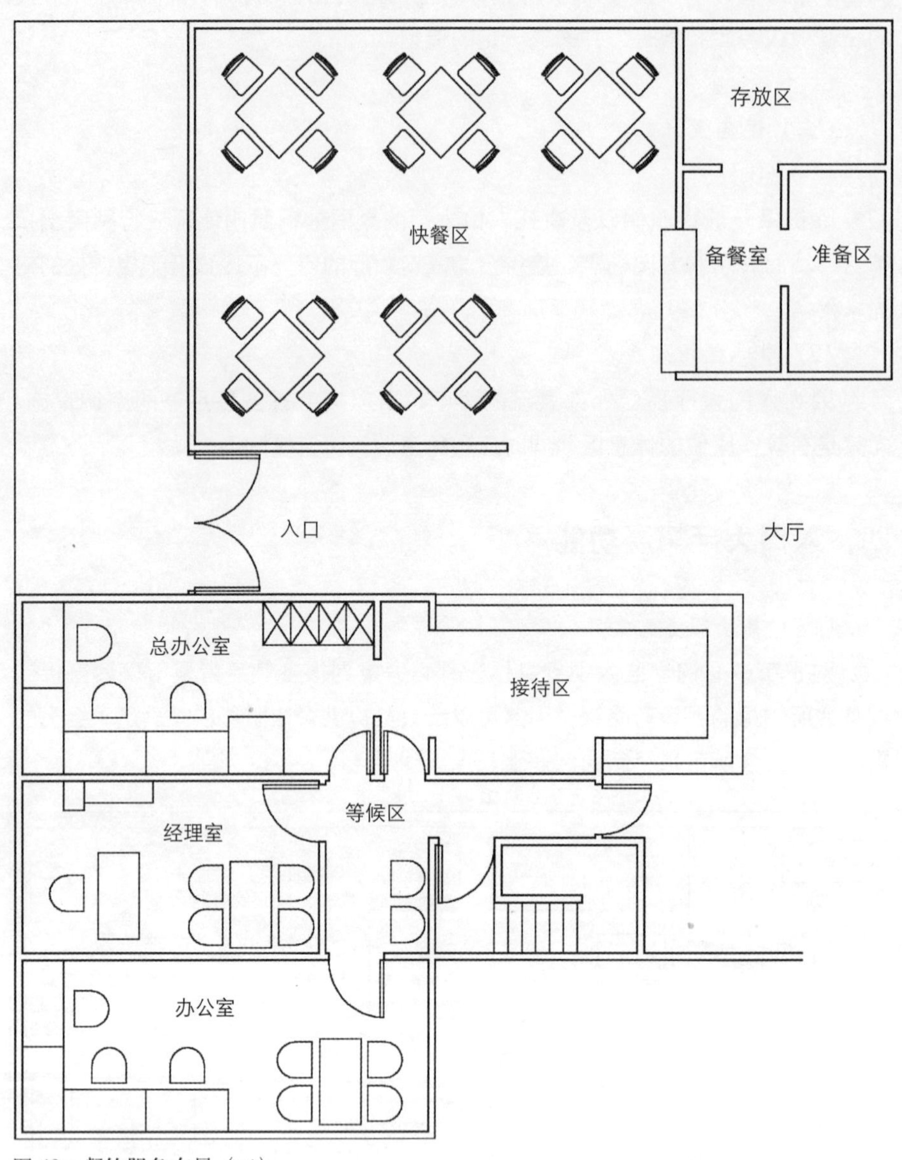

图 49　餐饮服务布局（二）

图 50　餐饮布置示意（左）
图 51　休息区（右）

餐厅的位置一般位于健身会所入口内部附近，与会员休息等待区比较接近。面积的大小与健身会所的规模相适应，一般以提供简餐为主，需要有一定面积的厨房操作空间和一定量的用餐台和座椅。

（二）上网服务

对于休息等候的会员，健身会所还可以提供免费的上网服务，使得会员的体验更舒适，也会为都市白领提供方便，以便其收发邮件、处理工作紧急事务等。上网服务可以通过电脑，连接网线，通常与会员休息区结合在一起考虑，一般应考虑有 2 台以上的电脑提供服务。

第五章　健身俱乐部器械大厅设计

商业健身俱乐部中，器械大厅是指利用各种器械进行健身活动的场所，是整个健身会所进行锻炼的最大场所，也是会所中人流最多的健身场所。一般器械区的面积会占到整个俱乐部面积的 50% 以上。器械区一般比较开敞，容易形成运动气氛。如果面积较大的话，就可以在高峰期容纳更多的会员，俱乐部的收益也会提高。

一、器械大厅

健身器械的合理布局对提高会员的运动感觉、减低运营成本、降少设备磨损、提高会员保有率等方面非常重要。因此首先要对器械大厅的功能排布有清晰的认识，才能做到合理布置、方便使用，以保证最大限度地提高空间利用率，并使得会员在其中获得舒适。

在设计器械练习区时，应该明确各分区的具体功能性质和相应配备的各种器械种类，根据拟定选用的器械类型和数目来确定各区的最终规模。器械大厅练习区可以分为主要练习区和服务区两块空间。而主要练习区则又可以分出伸展区、心肺功能练习区、力量器械练习区（包括自由重量器械和等重量器械）。服务区主要有体能测试区、教练岛等。

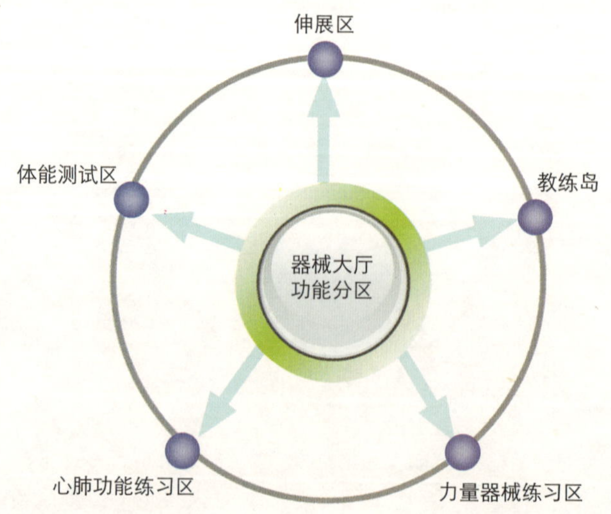

图 52　器械大厅功能分区

图 53 日本某健身俱乐部器械大厅

图 54 国内某健身俱乐部器械大厅

器械大厅主要布置器械，内部健身器械的种类是以能够为顾客提供全方位的健身锻炼服务为原则，即配置的健身器械能够满足人身体各部分的练习要求。

我国相关的标准规定了不同功能区配备的器械类型，而各种器械因出产的厂家不同，在价格、具体尺寸、占地空间及操作方法上有一定的差异。目前在健身器械配置方面，主要由器械厂家根据俱乐部的预算、规模、档次等进行专业合理的配置，在俱乐部提供相关平面图纸的情况下进行实地的调查，明确具体的场地特征，将器械配置的详情反馈给业主和设计师，通过信息互动来确定其比例关系。一般情况下，室内面积在 750 ～ 1500m^2 之间的健身俱乐部器械区的面积分配比例关系可参考下表。

室内面积在 750 ～ 1500m^2 之间的健身俱乐部器械区的建筑面积分配比例关系

建筑面积（m^2）	伸展区（%）	心肺功能练习区（%）	等重量器械练习区（%）	自由重量器械练习区（%）
1500 ～ 3000	5	50 ～ 55	20 ～ 30	15 ～ 20

二、主要练习区

（一）伸展区

在器械大厅近入口处设伸展区，给会员作健身前后的体能热身舒展之用，其包括提供身体各个部位肌肉拉伸的器械，墙身可装嵌 2m 左右高的镜子，以利自赏。

（二）心肺功能练习区

本区域是有氧器械的训练区，该区域配备的器材设备主要有：多功能跑步机、多功能健身车、赛艇模拟器、双轨划船器、平衡式登山机、椭圆机、滑雪机、骑马机、太空漫步机等。心肺功能练习器材设备的摆放一般应靠近窗户，特别是跑步机的布置，这样便于观赏室外景物，缓解练习时间较长而产生的乏味感觉。且从俱乐部外面视野就可以看到的区域，这样可以让潜在客人对俱乐部有直观的感觉。若无法向窗，则空间也应开敞，不显压抑。也可为其配置电视等娱乐设备，两台跑步机也可以共用一台电视，这样既可节约造价，又可以使得自己的视线不会被阻挡。

若器械种类、数量较多，一般不宜排布过长，可以采用分排布置的方法，排距宜为 1.2 ～ 1.5m^2。若空间局限而不得不多排布置，也可以灵活处理，如弧形或圆形布置，使得空间比较具有动感。

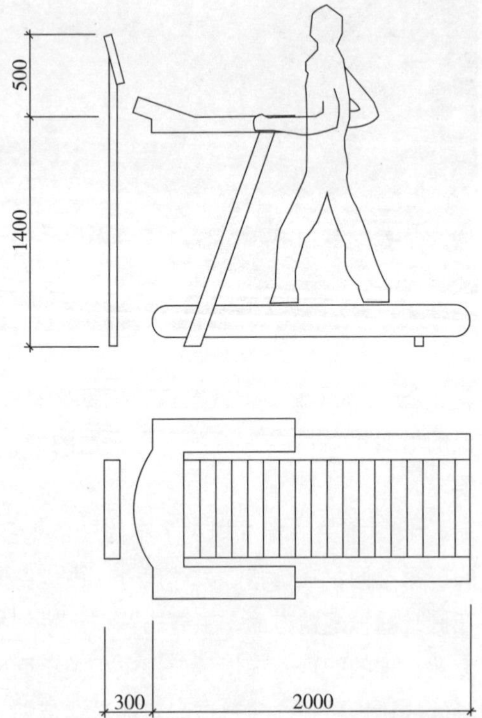

图 55　单个跑步机的布置

图 56　心肺训练区采用一字排开式，气派整洁

图 57　心肺训练区悬挂电视，增加活力

图 58　临窗布置的跑步机一字排开，并具有良好的视野

图 59　心肺训练区开敞布置，舒适宜人

本区域地面材料因不涉及碰撞，可以多样化。塑胶、复合地板、石材和玻化砖等均可。地面材料上尽量不使用过软的材料如地毯等，尽量采用硬地胶或石材材料，稳定并便于清洁。因为跑步机等设备由于电力驱动、马达等设备会吸附灰尘，如地毯的织物会积累大量灰尘，并不易清洁，会给设备造成一定影响。

（三）力量器械练习区

本区域是供俱乐部会员进行肌肉及力量练习的区域，分为等重量力量器械练习区和自由重量力量器械练习区。本区域是男性会员使用频率最高的区域。

等重量力量器械练习区的主要器械有联合训练器、单功能专项力量训练器等，具体有卧推架、深蹲架、颈肩部练习器、背部练习器、胸部练习器、臂部练习器、腹部练习器、臀部练习器、大腿练习器、小腿练习器。单功能练习器占力量练习器总数的比例不少于 60%。

自由重量力量器械练习区至少有若干副固定哑铃和调节哑铃、杠铃，以及数量与之相匹配的哑铃架、杠铃架。

本区域首先要考虑安全问题，一般将该区设在健身会所的最里端，即人员走动最少的地方。力量练习区也是会所的主要区域，所以应配置的器材设备也比较多，应根据健身会所面积的大小来选择器材设备的配比。同时应按照训练功能区域进行摆设，比如设立腰腹核心功能循环训练区，不但能方便会员使

图 60　力量练习区（一）

图 61　力量练习区（二）

用，提高趣味性和团体参与性，还可以通过开设腰腹循环训练课程来提高会员的保有率。

如场地面积允许，组合器械可以斜对面放置，便于会员之间沟通，加强运动氛围；在这个区域训练需要自我观察，因此要在墙面设计镜子，镜子的高度可以与组合器械的高度同高或略高，这样不会造成镜子材料的浪费。

自由重量区最容易形成运动氛围，但因自由重量区对会员的动作标准性有较高的要求，因此一方面要注意器械使用的安全性；另一方面区域应该尽量设置在教练岛附近，便于教练进行指导。自由重量器械一般沿墙放置。自由重量设备也可摆放在力量器械附近，以便运动者训练流程的进行。因杠铃架所占空间较大，在摆放时应注意安全性，尽量不要放置于会员流动较大的区域。其中哑铃练习区是最为经典和常用的，一系列标准及奥运指定的哑铃必须放置于健身房一角。欧美最新的练习区设观赏坐席，方便会员及来宾参观。

这个区域考虑重的物体落地碰撞等因素，因此地面材料宜采用橡胶地垫等软性的地面材料。采用橡胶颗粒与胶粘剂及无毒无污染颜料，经模压热固成型，可根据需要生产不同厚度、密度、颜色的材料。常用基本规格为500mm×500mm，常用厚度为15mm、20mm、25mm，颜色以红、黄、绿、蓝、灰、黑等为主。这种产品抗压，耐冲击，摩擦系数大，有弹性，减震防滑，防护性能强。

图 62　力量练习区（三）

图 63　力量练习区（四）

（四）其他设施

巡场教练服务台或教练岛

教练岛或服务台一般位于力量训练区的外围，可供教练进行服务，教练岛的大小根据健身大厅的面积而定，一般能供同时值班的教练都可以使用即可，提供简单的座椅和柜子。

图 64　教练服务区

（五）体能测试区

一个完善的健身中心，必须有体能测试设备，以便客人在系统健身前检验一下自己的体格，并编排适合的运动程序及难度。体能测试中心的仪器应有:身体成分测试仪、肺功能测试仪、心脏功能测试仪、身体柔软度测试仪、肌肉力量测试仪、血压测量器及身高和体重量度器等。同时应设小型电脑记录客人的活动及编印报告表。

图 65　体能测试区

图 66 健身器械大厅布置（一）

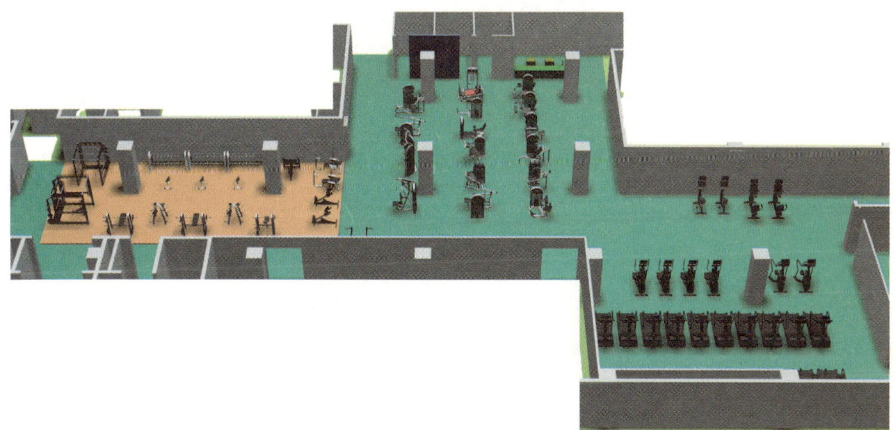

图 67 健身器械大厅布置（二）

体能测试中心面积不大，预备可以同时对两组会员进行体能测试就可。可以单独设置，紧凑的话，也可和教练办公室合二为一。

三、设计注意事项

（一）器械分布密度

器械分布密度是器械大厅中重点要考虑的，器械分布过密，则使用拥挤，安全性差；器械分布稀疏，则利用率低，不利于形成锻炼的人气。而器械的布置主要考虑人在其中运动的人体工程学。

布局需要考虑两方面问题：一是是否会使相邻器械的健身者在运动时彼此影响；二是在有限的空间里最大可能地利用资源以及健身过程中的安全问题。器械与外墙宜保持 60~80cm 的距离，便于维修人员对机械进行日常维修与检查。例如跑步机，许多健身爱好者都喜欢跑步机，有时候因为操作失误或其他原因，跑步频率跟不上履带速度，因此会立即跳下跑步台。由于惯性的作用，跨步较大或是向某一方向前冲，如果两台跑步机的距离过小，便会引起相邻跑步机上的两个会员冲撞的现象，造成无法预料的后果。因此每个器械之间的间距应保证一个人的宽度至少 600mm。力量练习器间距考虑到使用器械的伸展半径，一般不少于 1m，且通道宽敞。此外还应注意，部分健身器械如跑步机等为电脑程控式心肺练习机，运行时需要接通电源，因此在布置时应结合机电设备管线综合考虑。

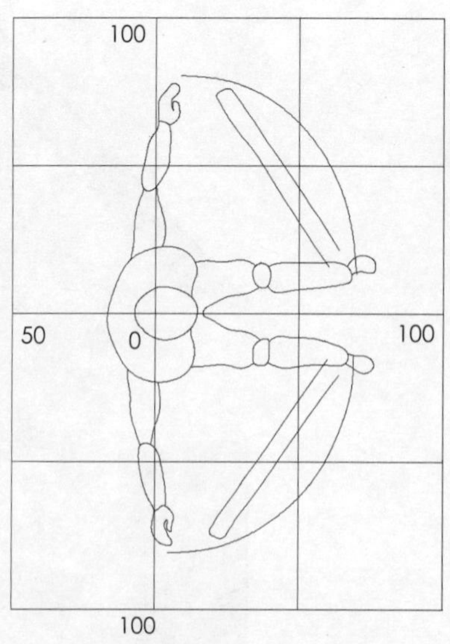

图 68　器械的布置的人体工程学（一）

（二）层高

器械大厅是以功能性为主的训练场所，其装修设计应该简洁大方，以满足功能、舒适为主，不宜过多装饰。空间净高度一般不低于 2.8m，不然会因为空旷而显得压抑。限于层高，在目前的健身会所设计中，暴露顶棚的设计非常普遍。一方面可以从视觉上增加高度感，另一方面也可降低工程造价，更显现出空间的现代时尚感。建筑装饰材料宜简单为主，不宜奢华。色彩运用非常重要，通过各个界面色彩的变化来形成动感是简单而有效果的设计。局部的亮色运用可以使得空间活泼，增强健身空间的活力。

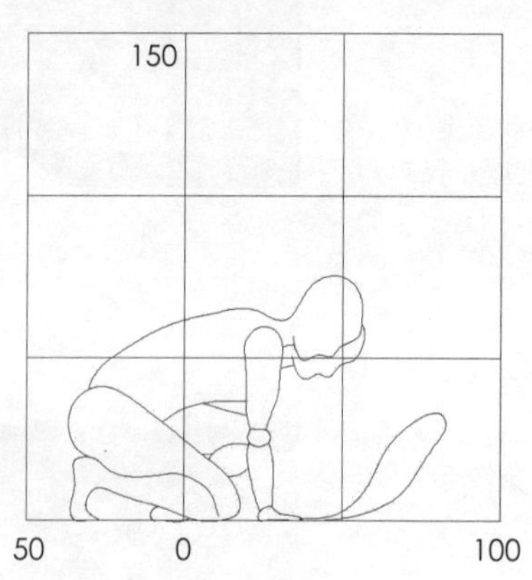

图 69　器械的布置的人体工程学（二）

（三）照明设计

照明是最重要的环节，它保证了整个环境的舒适度，并使锻炼人员感到精力充沛。照明可以帮助运动者从紧张、劳累的锻炼中走出，并给予其鼓励。

在器械大厅中，让会员感到舒适的关键是控制好

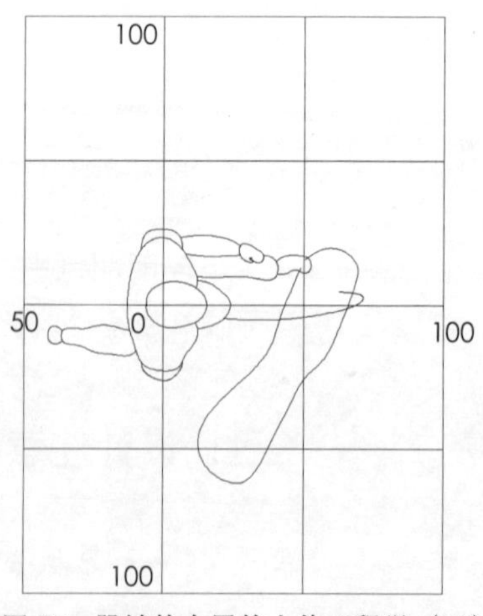

图 70　器械的布置的人体工程学（三）

图71 器械大厅暴露天花设计

眩光。在进行体育锻炼时，会员经常会躺下，眼睛直接对着顶棚。应当避免直接照明，如果存在直接照明，应当避免将光源集中在一处，最好使用间接照明设备，并确保只有少量的光束直接对着设备。在锻炼时，身体处于焦虑状态，人们往往会闭上眼睛，咬紧牙关，使自己集中注意力，全神贯注地投入到正在进行的活动中。在理想的状态下，他们会逃避周围的环境，与设备融为一体，从而忘记疲惫或焦虑，此时，将光直接对着锻炼者只会使其更加疲劳。

由于镜子和视频通常都直接放在健身房或跑步机前，设计师必须注意反射光带来的影响。在有视频的地方，建议将墙壁和屏幕的亮度调得柔和些，或将一般照明调低一些，使用调光设备也是很便捷的方法。

在进行力量练习时，使用颜色、音乐和较强的照明是比较好的解决方案，但是一定要控制好眩光。如果同一个区域里有控制系统营造出不同的亮度环境，至少应该可以将光线调暗。

避免直接照向镜子，可以防止反射光和眩光。应该通过嵌入式可调设备、不对称设备、顶棚上的射灯或镜子周围设备照亮锻炼者。应该保护好上方的设备以防止振动，并在同一个方向照亮，形成半圆柱形照明。由于光是从多个角度发出来的，可以形成一种三维效果。最后，在有镜子的墙壁面前锻炼时，应当使用具有良好显色性的光源，并避免彩色光。

要注意不同颜色的使用也可以制造出令人难忘的照明效果，但不能让锻炼者产生眼花缭乱的感觉。颜色可以对一个人的情绪产生影响。一个早上健身以保持身材的人与一个晚上锻炼以求放松的人所要求的照明条件是不同的。

图 72 器械大厅灯光设计

（四）配饰

在练习器的醒目处张贴有中外文标注的器材名称、具体用途、使用说明或图示；四周墙面适当挂立镜，最好配有健美造型彩色挂图、锻炼功能图和张贴健身健美箴言，并配有使用健身器材的文字说明、影碟和录像带。在顶棚的适当位置吊装数台大屏幕电视，供播放闭路电视节目或健身健美教学影片。在比较醒目的位置，如大厅中央或距饮水机比较近的地方悬挂钟表，使得会员可以随时掌握时间，这也非常重要。还应该设置废物桶。

本区域因健身活动人群很多，也是广告投放的最佳区域，在部分墙面和柱面上可以做块状的广告。

（五）交流功能的考虑

对于健身空间的设计要考虑使用者的心理需求，一个很重要的潜在因素是，这更是一个交流的场所，社交功能是重要的因素。因此缔造和组织交流空间是非常重要的，可采用的方法很多，比如，在力量区设置饮水机和休息座椅，都有这个功能。在入口大厅可以设置小贴板，开展一些活动，方便各种兴趣小组交流。

在一些健身会所，因为空间比较高挑，可以设置攀岩等设施，这样可以在公共大厅的区域形成一种运动氛围，也可以便于会员进行观赏，提高运动及参与的乐趣和积极性。

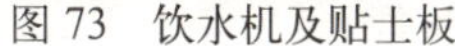

图 73　饮水机及贴士板

图 74　器械大厅与攀岩设施的结合

第六章　健身俱乐部团体课区设计

团体课区又称集体课训练区，是会员在教练的带领下进行统一的集体健身活动的区域。比较常见的集体课程有有氧操类、动感单车类、瑜伽类等。三种房间的布置要求及室内配置的设施均有所不同。在国家健身房星级的划分及评定标准中规定集体练习区必须与器械练习区隔开，以减少课程进行时练习区内外环境的干扰，且应该保证隔声效果好。因此团体课区应该根据功能单独设计。

一、有氧操房

有氧操房的面积应该根据健身会所场地的实际情况和预计会参加集体课程的会员数来计算。每个会员所使用的面积可以根据会员在其中所进行活动的人体工程学来计算。据调查，目前俱乐部操房内人均有效使用面积以 $2m^2$ 左右为标准，操房的规模以可容纳 30 名会员同时进行健身锻炼为宜。操房的长宽比一般宜控制在 1 ：1.5 以内，最小净高宜为 3m。室内练操空间应尽量避免出现结构柱子，而造成不必要的视线干扰、安全隐患和空间浪费等问题，如实际无法避免则应使结构柱处于操房间的一侧，使操房被立柱分为一大一小两个空间，小空间为健身器材存放处。

图 75　操房中人体工程学(一)

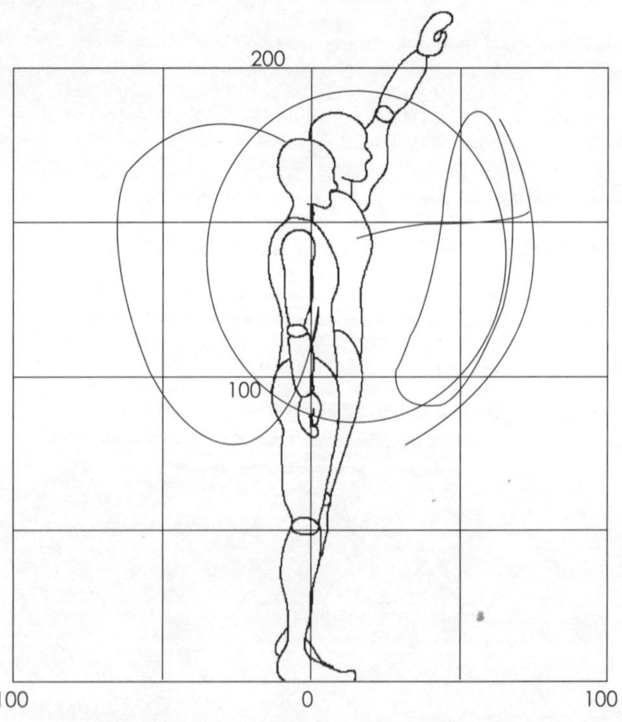

有氧操房为健身会所中使用频率较高的区域，一般以女性会员居多。常见的有氧课程有：有氧操、踏板操、街舞、搏击课程等。

有氧操房应设置领操台，配

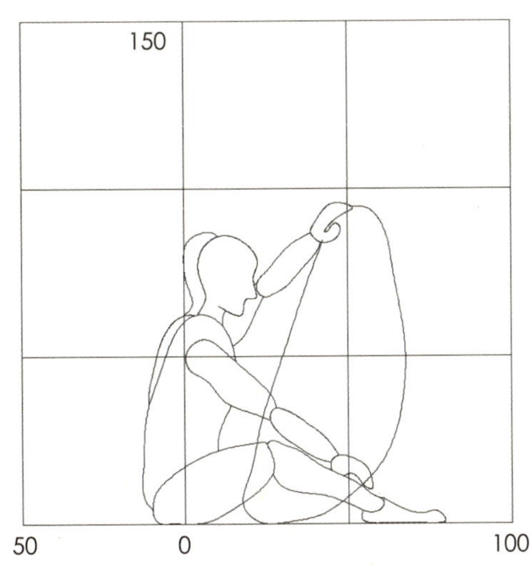

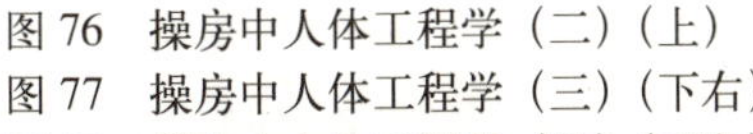
图 76　操房中人体工程学（二）（上）
图 77　操房中人体工程学（三）（下右）
图 78　操房中人体工程学（四）（下左）

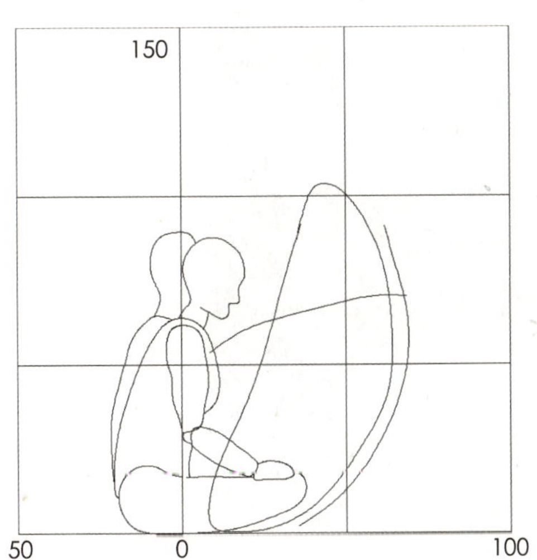

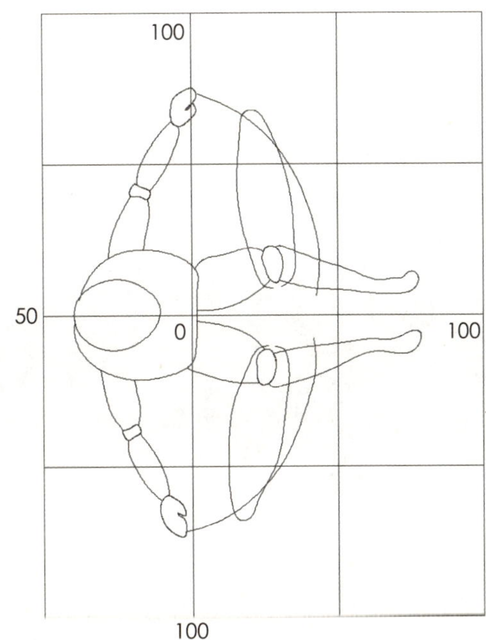

备体操垫、踏板、肋木、练功扶栏，音响和影视设备等器材设备。还应该设置辅助健身器材，如：小哑铃、杠铃、踏板、拉力皮筋、健身球等。

领操台位于操房的正中间，靠墙设置，高度一般距离室内地面0.30~0.35m，具体长度尺寸应根据操房的整体规模相应设置。

目前大型操房的领操台的宽度一般为1.5~2m，长度一般为4~5m，能够满足2~3名教练同时领练。音响设备存放处易位于操房前部且一般与领操台临近，便于教练带操并操控方便。

练习把杆至少选择一侧墙面设置，一般参考专用舞蹈教室安装方法，距地面0.8~0.9m，距离墙面0.2m左右。壁镜一般为通常照身镜，高度为1.8~2.0m至少在相互垂直的两侧面上设置，便于健身者在练习时及时观察到形体及动作的完成情况。

通常有氧操房的地面采用木质地板，比较讲究的可以采用弹簧木地板。

室内主色调一般选择比较明快的颜色，如浅绿色、乳白色或淡黄色。操房应设置专业的可以变幻的光感系统，可以根据不同舞种的类型变幻不同色彩，配合舞蹈的风格，焕发会员的运动热情。室内总体照明应该柔和且明亮。

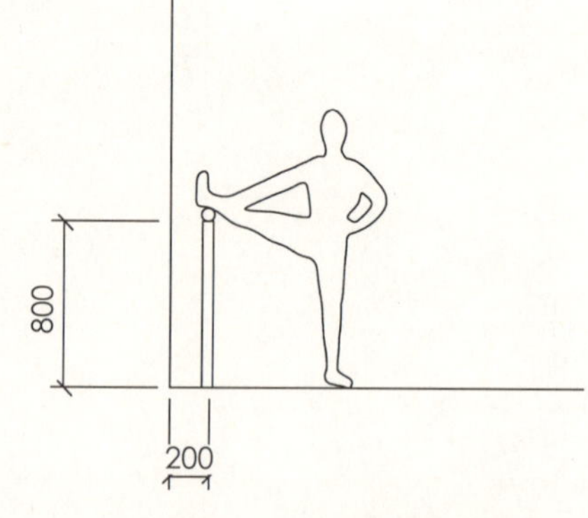

图 79　练习把杆安装参考

图 80　澳大利亚的这间操房布置简洁，通过柱饰体现出品牌特征

图 81　操房顶面深色暴露顶棚设计可使健身者的注意力集中到练习上

图 82　这间日本的操房顶面错综的管道使其充满了一种工业感

图 83　有氧操房灯光设计

二、动感单车房

动感单车是一种结合了音乐、视觉效果等独特的充满活力的室内自行车训练课程。风靡全球的 spinning 运动，在中国有一个非常形象的名字：“动感单车”。这种课程的特点是在强劲音乐中，由健身教练率领，通过驾驶动感单车，通过对不同的速度及阻力的练习，原地模拟自行车在公路上出现的实况，如上陡坡、下坡、转弯、急转弯快速骑等，让你挥汗如雨，燃烧多余脂肪。

目前动感单车房的设计有透明式和封闭式两种，透明式单车房的四周围护结构为大面积的透明玻璃，在单车房外可以清楚地看到会员在室内的运动，这样的设计使得室内外锻炼有互动，可以相互带动运动气氛；密闭式单车房空间相对封闭，光线比较暗，使得注意力比较集中。室内主要以五彩变化的灯光和动感的音乐，形成运动气氛。这两种设计目前都比较流行。

为了突出自行车运动时的临场感，可以将仿真的模拟实际山地画面动感影像投影打在墙面上，会员可以随着音乐在各种公路上驰骋，可以极大地提高会员的兴奋度和参与性，使其成为最受欢迎的运动项目。

动感车房内设有教练台、音响设备、壁镜、动感单车。单车所占的空间面积约为 0.4~0.6m^2，最宽处 0.4~0.65m，单车之间布置的最小间距应为可供一人顺畅通行的距离 0.75m。健身单车一般面向教练台，错位布置，前后排单车应保持一定的距离，最小为 0.38m，供练习者侧身通过。由于健身单车的布置具有向心性，因此在确定房间规模后还要兼顾房间的比例，长宽比值不宜太大，控制在 1∶1.3 范围内较合适。

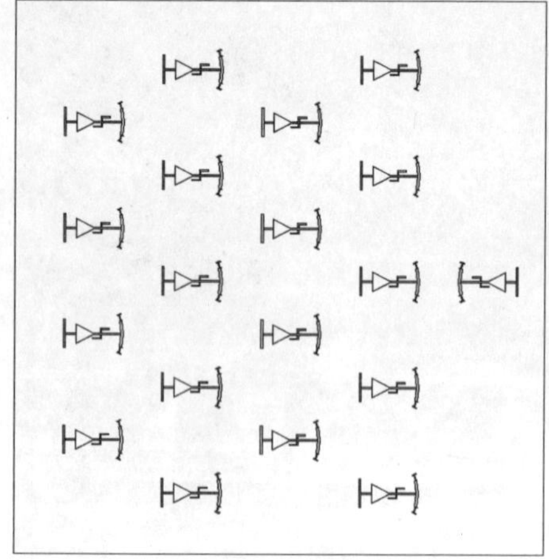

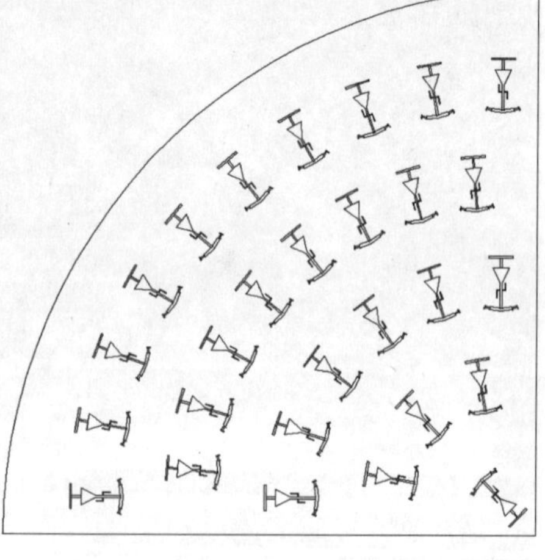

图 84　动感单车布置方式(一)(左)
图 85　动感单车布置方式(二)(右)

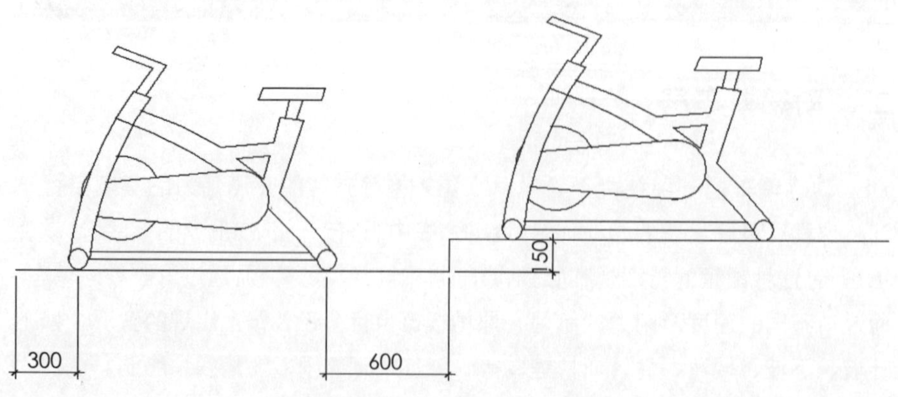

图 86　动感单车阶梯布置方式示意

图 87 这间动感单车房墙面采用镜面，扩大了房间的纵深感

图 88 这间动感单车房墙面采用了吸声软包，使室内音响环境更加宜人

图 89　这间动感单车房墙面采用了仿真公路的设计，增加了运动的临场感

图 90　这间动感单车房采用了阶梯形布局，使健身者有良好的视野

三、瑜伽教室

瑜伽源于印度，是现在比较流行的集体健身课程，包含着伸展、力量、耐力和强化心肺功能的练习。经常练习瑜伽不仅对肌肉和骨骼对称有益，也能强化神经系统，内分泌和主要器官的功能通过激发人体潜能来促进身体健康。

瑜伽课程一般需要赤脚练习，因此在房间入口处一般设有存鞋柜，或者设置专用的通道放置鞋子，如图示。基于该课程的性质，瑜伽房对于环境的质量要求较高，尤其是声环境，因此应设在人流相对小的区域，条件允许的情况下一般与其他集体练习室分隔独立开来，减少噪声干扰。避免与单车房相邻布置。

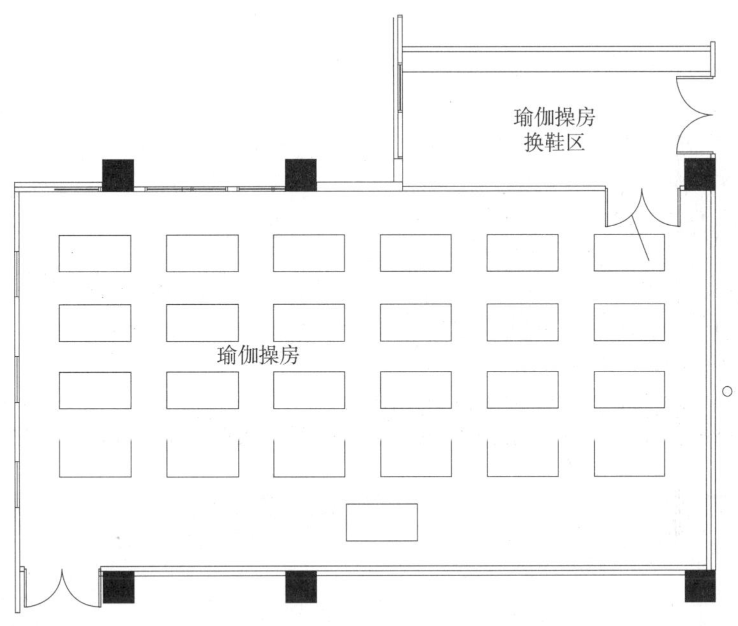

图 91　瑜伽房布置

瑜伽通常可以分为普通瑜伽和热瑜伽。热瑜伽是在哈达瑜伽的基础上创立的。热瑜伽要求练习者在 38~40℃的室温下练习，因此需要专门的加热器材。专用的热瑜伽房可以采用外在加热器和地板辐射加热等设置。为了避免加热损失，墙体宜采用保温措施。如果采用玻璃隔断，以采用双层隔热玻璃比较适合。

如果配置外在加热器，宜采用远红外线发热管。利用空气自然对流的原理完成冷暖空气大循环，其供暖不会产生可感气流且房间各处温度一致。

如果配置地板辐射加热系统，宜采用远红外电热膜地暖。其电热膜厚度只有几毫米，可根据需要选用不同功率，灵活铺设，不占用任何室内平面空间，使室内空间可以更灵活地布置，享受更大使用空间。

瑜伽房的设计应该具有时尚感，设计风格以贴近自然为主要考虑，地面宜采用木地板，这样舒适而且脚感好。界面的装修可运用自然的材料，比如：木头、麻布、卵石块等，能够形成身心放松的感觉。

图 92　条形的灯光组合不仅使空间有韵律，更有时尚感

图 93　瑜伽房中采用木装修，会使空间感觉温馨

图 94　本间瑜伽房具有良好的视野，并将优美的室外环境借入室内

图 95　本间瑜伽房有印度的味道

瑜伽房灯光设计：在这些相对较小的柔性锻炼空间里，灯光设计要能鼓励身体锻炼，并促进心理健康。这要求照明不能让顾客感觉在聚光灯下。在考虑综合照明解决方案时，可以在房间的四周进行间接照明。

瑜伽是柔性练习，使用柔和的光线是关键所在。顶面宜采用间接照明为主，使得光线很均匀地倾斜出来，会营造出温馨舒适的氛围。也可以采用洗墙灯，并补充中央照明，并让健身者感觉空间很大，洗墙效果可以通过倾斜的墙壁设备实现（使用荧光灯或 LED 灯，或具有不同颜色的灯）。

第七章　健身俱乐部室内游泳池设计

游泳是人们最喜欢参加的健身活动之一，有游泳池的健身项目配备是吸引会员入籍的重要条件，因此一般大型的健身俱乐部都会将游泳池作为其重要的健身项目和场地来安排。而且游泳池也会在健身俱乐部的平面组成中占相当大的面积。

一、游泳池的分类

游泳池按使用要求的分类见下表。

游泳池按使用要求的分类

	长度（m）	宽度（m）	水深（m）	其他（m）
普通游泳池	—	—	1.6	—
花样游泳池	30、12	30、12	≥ 3	≥ 2.5
水球池	33	21	≥ 1.8	—
潜水池	3.6	5	1.5~5	—
制浪池	≥ 25	≥ 5	1.5	—
戏水池（儿童池、水滑梯）	—	—	1	

游泳池按国家标准的分类见下表。

游泳池按国家标准的分类

项目	长度（m）	宽度（m）	池侧缓冲距离（m）	池端缓冲距离（m）	更衣室面积（m^2）	设备用房面积（m^2）	场地面积（m^2）
标准游泳池	50	21~25	3~4	2~3	200~300	30~100	1680~2250
普通游泳池	25	12~15	3~4	2~3	60~100	30~100	610~910
小型游泳池	—	—	—	—	—	—	150~300

对于健身俱乐部来说，还有一种综合池也是比较多见的。综合池就是为了达到一池多用的目的，把池的面积增大，设深水区和浅水区，以满足不同游泳者的要求。在尺度规格上用大于等于标准池规格的池面和水深，达到比赛和练习的要求。把水面和深浅加以分隔（用浮标或水中拦网），供不同年龄、不同游泳技术水平、不同游泳项目使用。

图 96　本室内游泳池采用了玻璃顶棚，可借用自然光

图 97　日本的这间室内游泳池，形体简单，却感觉纯净

图 98　本室内游泳池设计有局部二层，有观赏运动的作用

二、游泳池的布局

（一）游泳池设计布局的考虑因素

游泳池设计布局的考虑因素有：健身俱乐部的总面积与游泳池面积的配比关系；健身会所的流线与游泳池的流线如何组合；游泳池采用的类型；水域之间是否需要单独分开，如何分；游泳池的构造，以及它们与辅助设施如更衣区和工作间在概念上的关系；游泳池及大厅的剖面结构关系，包括灯光（人工和自然）、供热和通风、气流分配与结构形式和空间内不同活动区的关系。

游泳者应该从健身会所的更衣室里经过简单的淋浴直接通过专用通道进入游泳池，而无需再出更衣室。

图 99　游泳池的流线

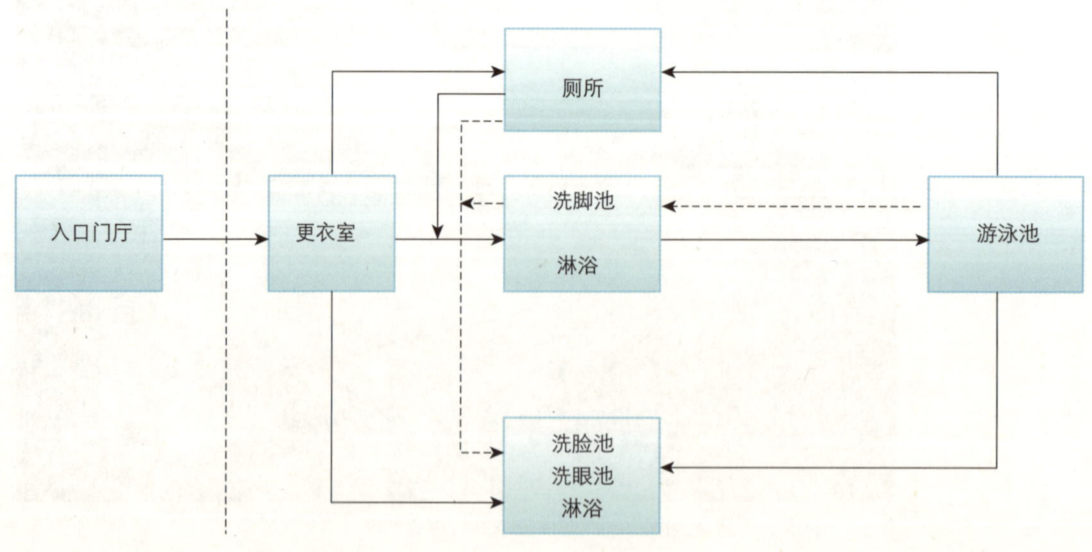

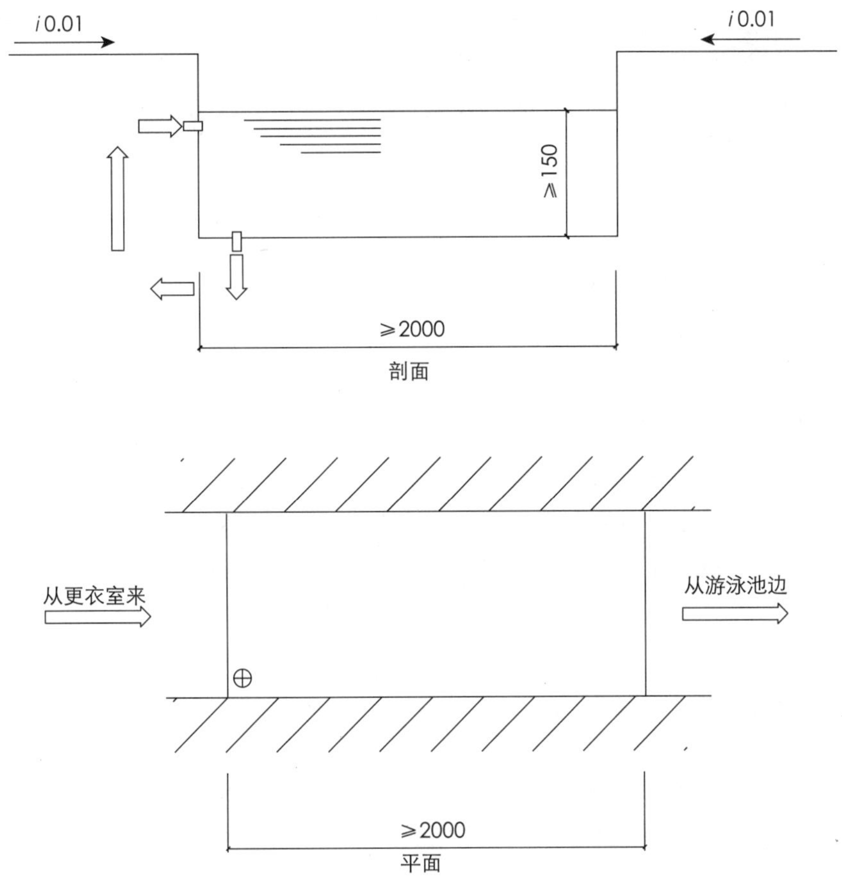

图 100　洗脚池

（二）游泳池一次容纳能力

游泳池的规模应该根据所在地区的社会和经济条件、人口数量等因素考虑，但比赛游泳池和跳水游泳池应符合《游泳比赛规则》的要求。公共游泳池的池水水面根据实际使用人数计算确定。游泳池的设计游泳负荷应根据池水面、水深、舒适程度、使用性质、安全卫生净化系统运行状况和当地条件等因素考虑。

游泳池人数可按下列规定计算：[1]

(1) 设计游泳池总人数按该地区总人口数的 10% 计；

(2) 最高日的最大设计游泳人数，按设计游泳池总人数的 68% 计；

(3) 入场最大瞬间时游泳人数，按最高日设计游泳人数的 40% 计；

(4) 水中最大瞬间时游泳人数，按最大入场游泳人数的 33% 计。

水中人数按下列规定计算：

(1) 在深水区活动的人为技术熟练者，按在水中人数的 1/4 计；

(2) 在浅水区活动的人数，按在水中人数的 3/4 计。

每位游泳者最小游泳面积定额见小表。

每位游泳者最小游泳面积定额

游泳池水深（m）	<1.0	1.0～1.5	1.5～2.0	>2.0
人均游泳面积（m^2）	2.0	2.5	3.5	4.0

（三）会员在游泳池的平均时间长度

游泳者使用游泳池的平均时间长度随管理政策、游泳池类型及容纳能力的变化而变化。一般认为，使用者在健身会所的游泳池所花费的平均时间长度大约为每场次正常在专用游泳池时间的70%～80%。

在缺乏明确的管理条例时，下列参数可以被使用：

（1）常规（长方形）的初学者游泳池可用于上课及泳道游泳，设有极少数水中设施的俱乐部使用时间都为0.75～1.0h；

（2）一般的休闲游泳池或休闲化常规游泳池，大多数用于休闲、娱乐，此处设有一定数量的可移动水上设施，时间可为1～1.25h；

（3）在设有许多可移动的游泳设施的大型休闲游泳池，时间为1.5～2h。

三、按摩池

比较高档的健身俱乐部中设有按摩池，宜采用带小型循环净化装置（循环泵、过滤器、加热器和消毒装置等组成）的成品型按摩池。

使用人数较多的水上乐园和游泳池等处的按摩池，宜设计自建型公共按摩池，并应符合下列要求：[2]

（1）平面设置形状根据设置地点情况，可设计成圆形或不规则几何形状。

（2）可独立设置，也可与非竞赛游泳池和建筑一起，但功能分区应互不影响，且池岸应高出水面和地面。池岸周围地面应设带格栅盖板排水沟。

图101　按摩池设计（一）

图 102　按摩池设计（二）

（3）水力按摩座位、气泡按摩座位及气泡按摩躺位等不同功能按摩，应沿池边分区设置。

（4）座位数量按使用人数确定。

（5）池内水深不得超过 1.2m，按摩座位水深不得超过 0.7m。

（6）水深超过 1.0m，每 15m 池长应设扶手一个。池子出入处水深超过 0.6m 时，应设进出池子的阶梯台阶和手扶梯。

水力按摩池的水流系统设计，应符合下列要求：

（1）成品型按摩池，宜采用连通大气供气等单水流给水系统；

（2）非成品型按摩池，宜采用设有分泵供气的双水流给水系统；

（3）水力按摩喷嘴的供水压力，宜为 50 ～ 120kPa，宜方便喷水。

按摩池的水温有常有和高温两种水温，应根据设置地点和用途选定水温。高温按摩池水温一般为 36 ～ 40℃。

四、设计注意事项

（1）要用中英文及图标标注清楚安全、卫生和当地法规的指示。在入口处要设立永久标识及警告牌，避免孩子在没有大人监管的情况下进入水池。深度一定要满足当地的法规，同时游泳池的深度一定要在两侧标出。

（2）提供救生防护椅子。安装紧急关闭系统，在发生事故的时候，使水池、机械、化学、电力设备全部停止。所有地面排水、环行管道要设置检查口，防止堵塞。

（3）在游泳池边安装内部电话，为紧急事件提供帮助，并标注明显标记。各种水域及设施易被池边员工监管；不要设置复杂或隐蔽的水域，这样会难以监控，易造成安全隐患。

(4) 换上游泳衣后，戴眼镜或戴隐形眼镜的人会摘下眼镜，因此更衣区的结构，包括穿过更衣区的小路，应该对许多游泳池使用者来说清晰可见，也包括那些视力暂时下降的游泳者。

(5) 易进性，主要是指游泳池可以完全适应残疾人的需要。不应使用台阶，高差应该用斜坡代替。泳道要镶有专门用于游泳池的瓷砖或天然石材，同时一定要在边缘用不同的颜色来区分。地面为防滑地面。

(6) 可使用灯光、颜色及其他设施（例如壁饰、植物、岩石、壁画作品）来创造一个舒适的、吸引人的、愉快的环境。

(7) 游泳池的照明和灯具要考虑到水面、池底和四周的部分。灯具安装一般从降低水面反光和检修灯具方便的角度考虑，应该安装在沿游泳池的四周，同时采用间接照明，将投光灯装在墙上，向顶棚投射光线，经反射后再投向水池，这样光效柔和。如果采用直接照明时，应控制光源的投射角在 50° 范围内的亮度。如要装在水池上，则灯具最低的安装高度在 6m 以上。

(8) 游泳池大厅照明灯的色温最好在 2000 ~ 4000K 之间。4000K 左右的光线，如金属卤素灯或水银灯，会增强池水的蓝色度，使整个大厅呈现出最美丽的色彩。2000K 左右的光线，如果设置高压钠灯，会使池水呈绿色调。屋顶及墙壁表面的反射系数最好为 0.6 左右，池底的理想反射系数最好为 0.7 以上。

(9) 水下灯既可以嵌入池壁，也可以安装在游泳池周围的沟槽内，其光线可通过光面采光口射出。如果游泳池中有水下灯的话，那么就要注意安全问题，要确保在游泳池中无水的情况下水下灯无法启动。

(10) 游泳池应该属于高大空间，水池有大量水蒸气挥发，所以排风量要大，要防止窗户、墙内表面、顶棚结露等。水中有氯气，挥发到空气中，对身体有害，而且对金属有腐蚀作用，因此，对风管等金属器材要有防腐处理，并应防潮。

(11) 饰面材料：游泳池周围 2m 以下的饰面都应该具有卫生、易清洗、不受漂白粉的温暖水池的影响、吸收率极低等特点。游泳池周围 2m 以上的饰面应由吸声材料制成。2m 以下可用釉面砖、马赛克、金属或塑料薄板贴面。

注释

1 中国建筑设计研究院编著，建筑给排水设计手册上册，中国建筑工业出版社，2008 年 10 月第二版，P806。

2 吴为廉、潘肖澎主编，旅游康体游憩设施设计与管理，中国建筑工业出版社，2001 年 1 月，P77 等。

第八章　健身俱乐部其他扩展运动区设计

在比较大型的健身会所中，为了满足不同健身者的需求，健身会所往往会设置很多不同的运动项目和场地，使得会员在其中感受到多种运动的乐趣。最常用的运动项目有台球、羽毛球、壁球等，而这些运动项目对场地都有一定的要求。这些场所的设计主要满足运动空间的人体活动尺寸，留够活动区域。地面材料以运动塑胶或弹性地板为主，装饰简单大方。

一、台球场地

台球分为落袋台球（英美）、22 彩球（斯诺克——英国）、4 球（撞击式——法国）三种。其面积指标见下表。

台球项目面积指标

项目	长度（m）	宽度（m）	场地面积（m^2）
斯诺克（最大）	7	5	35
美式 8 球（最小）	6	4	24

图 103　台球场地布置

标准球台：

（1）斯诺克（司诺克）台球桌尺寸：3820mm×2035mm×850mm；

（2）美式落袋台球桌尺寸：2810mm×1530mm×850mm；

（3）花式 9 球台球桌尺寸：2850mm×1580mm×850mm。

二、网球、乒乓球和羽毛球场地

网球、乒乓球和羽毛球这三种球类运动的场地要求见下表。

网球、乒乓球和羽毛球场地要求

项目	长度（m）	宽度（m）	边线缓冲距离（m）	边线缓冲距离（m）	场地面积（m^2）
网球场地	23.77	10.97	2.5 ～ 4	5 ～ 6	540 ～ 680
乒乓球场地（两台一组）	10 ～ 13	5.5 ～ 9.5			40 ～ 85
羽毛球场地	13.4	6.1	1.5 ～ 2	1.5 ～ 2	150 ～ 175

图 104　乒乓球场地布置

图 105　室内网球场布置

三、壁球场地

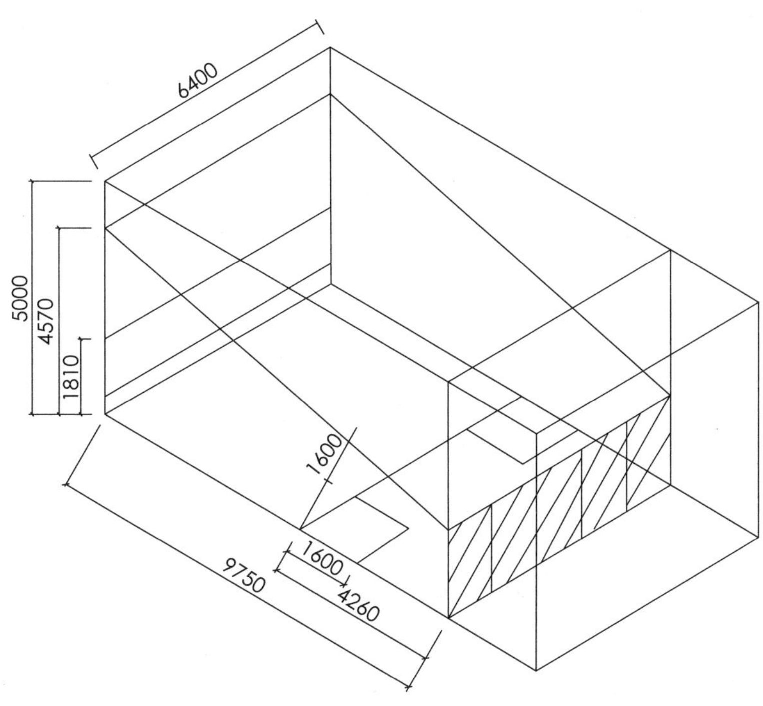

图 106　三维壁球场地模型

壁球项目面积指标见下表。

壁球项目面积指标

项目	长度（m）	宽度（m）	高度（m）	场地面积（m^2）
单打场地	9.75	6.4	5.7	62.4
双打场地	13.72	7.62	6.1	104.55

标准壁球场长 9.75m，宽 6.4m，高 5.7m，是由四面不同高度有垂直墙体和水平地面围拢而成的有一定净空间高度的封闭空间。英式壁球场后墙玻璃厚约 2.13m，长约 9.7m，宽约 6.4m，高约 4.57m，但为顾及挑高球打法，通常高约 6m，基本要求为 5.64m，而美式球场规格较英式壁球场少 1m。

四、保龄球场地

保龄球球场设计要求：球场面积宽大，空间高大，球道、自动回球设施、积分显示、球路显示等设施符合国际保龄球比赛场地标准。球道及其四周木质地板高档、豪华，墙面、顶棚建筑装修美观、舒适，室内照明充足、光线柔和。

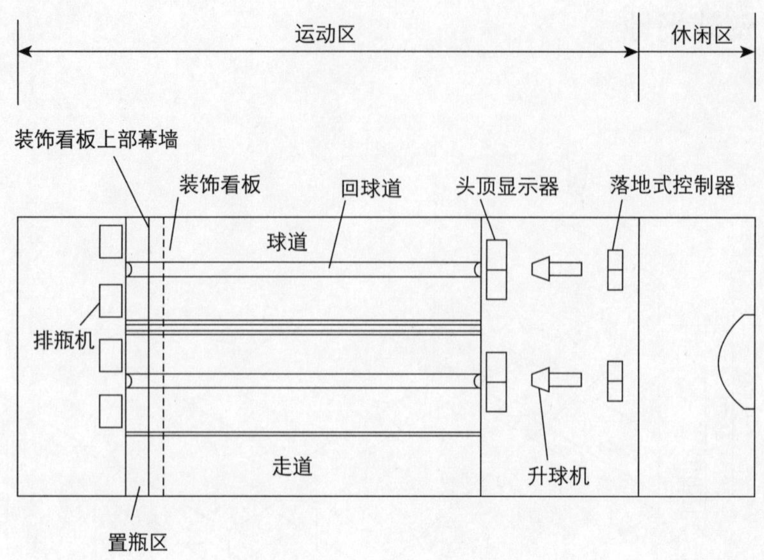

图 107　保龄球场地平面规划

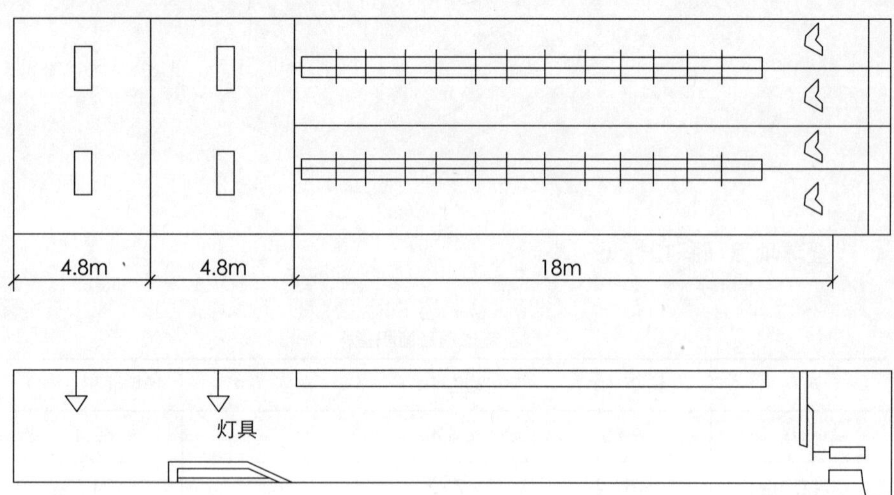

图 108　保龄球场地平面及剖面

球场旁边或附近根据需要有小型酒吧。球道材料需要枫木材料或松树等硬质木料铺成。球道设计应水平、光滑、细长，球道长度为 61 英尺（约 18.59m），宽 41 ～ 42 英寸（约 104.14 ～ 106.68cm），球道终端摆放 10 个木瓶柱，摆成三角形。

五、球场照明

球类运动场所的灯光设计要满足运动照明要求。网球、乒乓球和羽毛球项目场地采用侧向投光照明，光源为金属卤化物灯、高显色性的高压钠灯，场地用直接配光灯具时，宜配备有格栅并附带有灯具安装角度指示器。

网球场的灯具最低安装高度应该在 7m 以上，灯具上应该加格栅或挡板，以防止眩光。

乒乓球和台球的灯具布置不仅要考虑到球台上的照明，同时也要注意球台四周也需保持一定的照度。

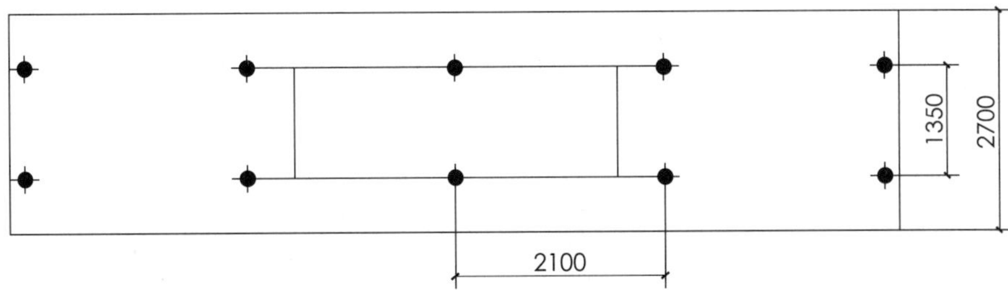

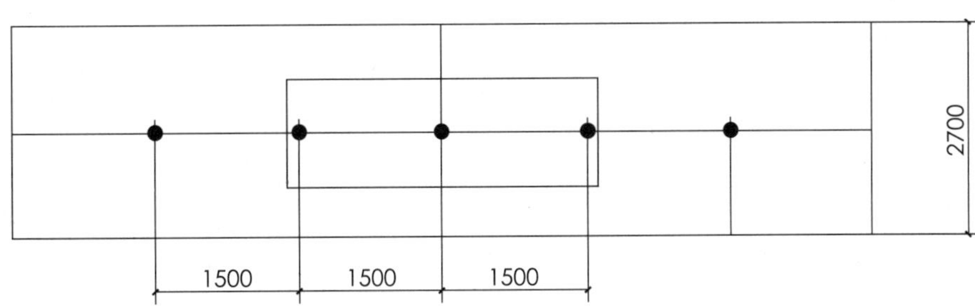

图 109　乒乓球场地照明布置

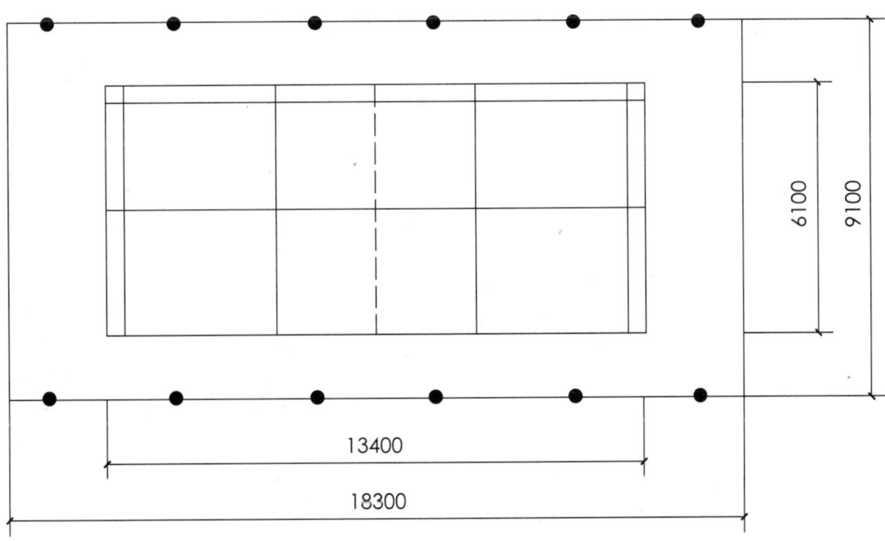

图 110　羽毛球场灯具布置

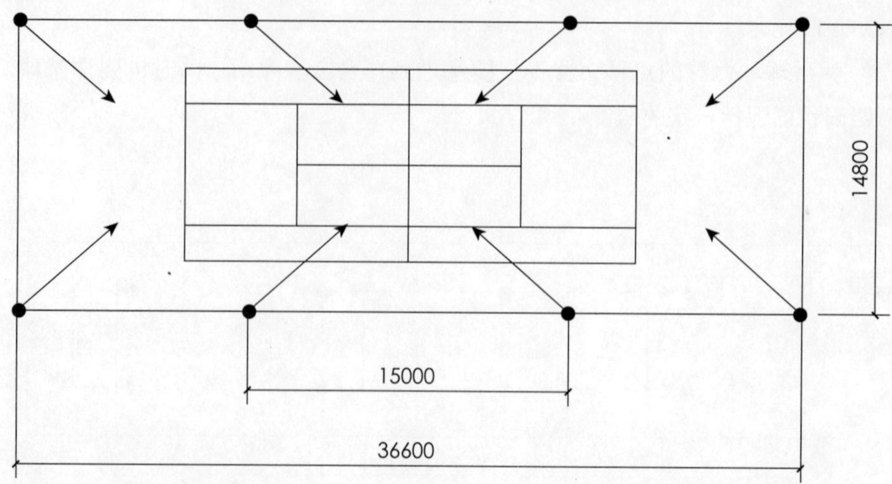

图 111　单打网球场照明布置

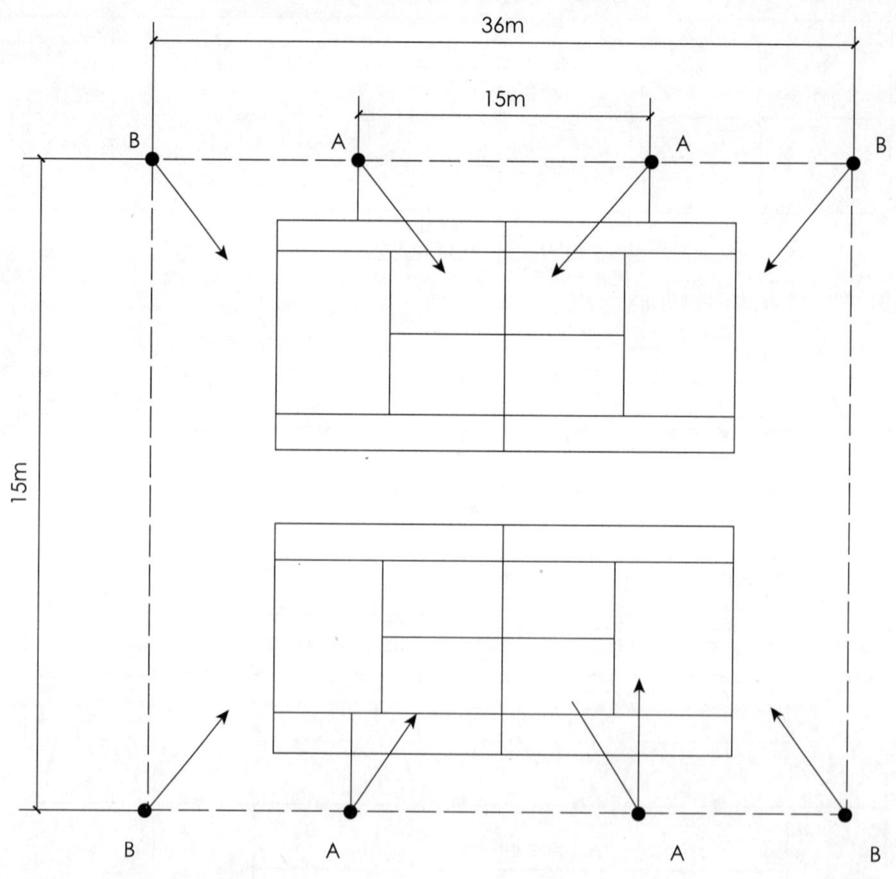

图 112　双打网球场灯具布置

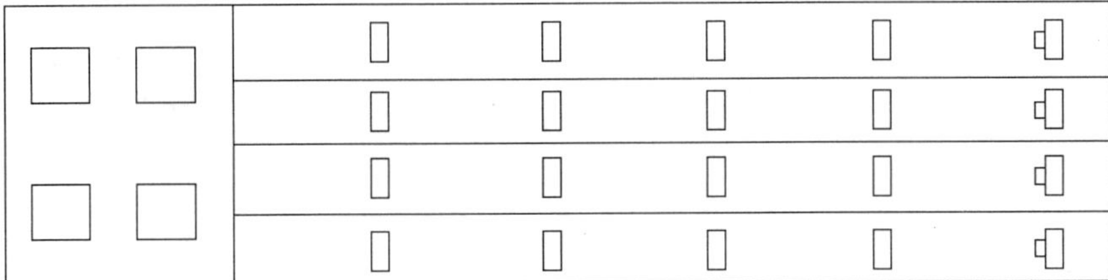

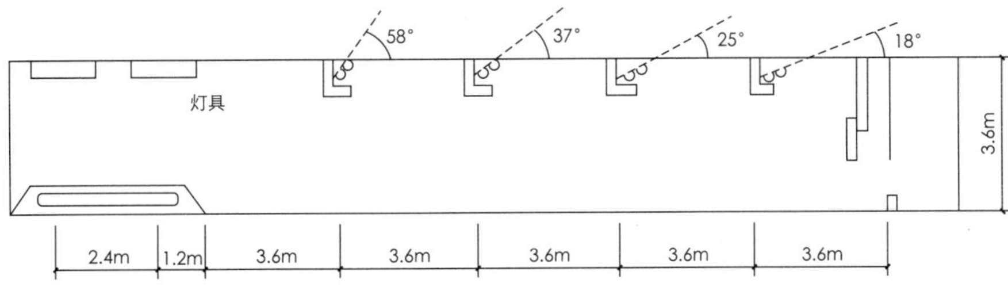

图 113　保龄球场灯具布置（一）

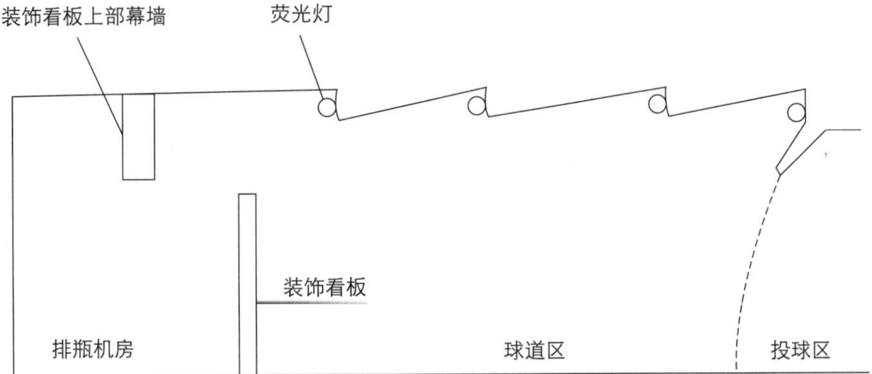

图 114　保龄球场灯具布置（二）

第九章　健身俱乐部更衣室设计

在健身会所中，更衣室是人们进入俱乐部，存储物品，更换衣物进行健身，并在健身完毕后沐浴更衣的地方。在有些带有游泳池的大型健身俱乐部中，更衣室更是通向游泳池的必要途径。因此更衣室是健身会所中是功能最复杂、使用率最高、人流最频繁的区域。

一、更衣室的组成及流线

（一）更衣室的组成

健身俱乐部中更衣室的设置根据开设的运动项目和经营方式不同而具有极大的可变性和不确定性。更衣室的规模与服务人数的关系，就不同运动项目而言，也有较大差别。但通常更衣室的整个区域划分主要有：更衣区、理容区、淋浴区、桑拿区、卫生间等。

（二）更衣室的流线

通常，更衣室男士和女士单独设置。应该布置在离入口大厅比较近或能直接到达的位置，尽量不要穿过各个功能区域，以免引起人流流线的交叉。从接待处到达更衣区的路必须要显而易见。对于多层数的健身会所，男女更衣室可以分层对位布置，这样可以解决上下水系统的对位问题，若有游泳池，则要和游泳池联系在一起。如果可能，更衣室可以靠建筑外墙布置，可以开窗，采用自然光，这样使得更衣室显得干净阳光。

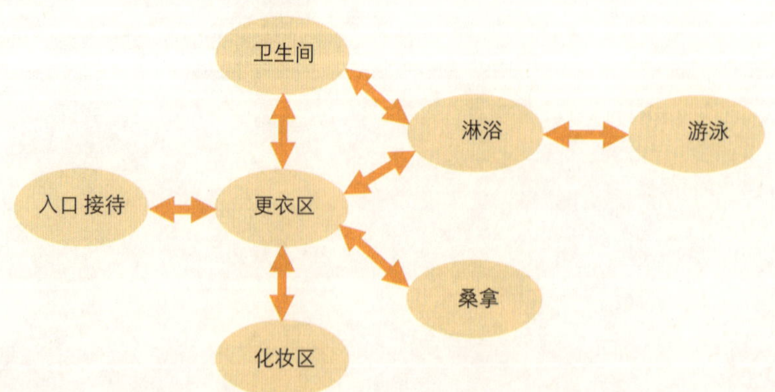

图 115　更衣室里的三种流线

如上图所示，在更衣室里有三种流线：

第一：更衣后直接出更衣室进行锻炼。

第二：锻炼后需要进行沐浴。

第三：更衣后通过简单沐浴后去游泳。在直接连通游泳池的更衣室里，应该按照游泳池的流程：更衣→沐浴→游泳来安排路径。

为了最大程度地降低原路返回以及来回走动的顾客人数及相互干扰，设计必须遵循会员的使用逻辑顺序来进行。更衣区应该便于管理，从理论上讲，员工应在进入更衣区的同时立刻看到大部分区域，但由于有过多的更衣柜，实际上是不容易做到的。更衣区应设有能清晰传送信息的系统，以方便建筑内的人群紧急疏散。因考虑到人流的频繁出入，更衣室及其内部空间的入口不应该设门，应通过设置前室来进行视线的遮挡。入口门洞的宽度应该在 1.2m 以上，以满足两个人能同时通过。更衣及淋浴空间应该由不同的出口通向运动、游泳和桑拿区，并进行适当的空间分隔。

更衣室内部设计中，要注意“干”与“湿”、“公共”与“私密”的功能分区与流线组织。在平面布置上要使得干与湿、脏与净分开，又有联系。功能上要强调灵活，充分考虑到人在其中的各种活动。据调查，干区、湿区的规模比例 1.5 ： 1 较合理，这样实际使用效果较好。

（三）更衣室的容量

健身俱乐部内会员总处于一个不断动态流动的过程中。同时健身的人数始终不会是登记会员的人数，也不是所有会员都会天天来健身，人们会根据自己的安排选择时间来健身。因此，更衣室的大小并不是以总的会员人数为依据的，更衣室数量由该健身会所内同时更衣人数的最大值来决定。不同地段的健身会所其最高客流的发生时间都是不一样的。这或许与“稳定状态”有关，也就是一般情况下，对于城市健身会所来说，工作日的晚上七八点为健身的高峰。更衣柜数量的计算一般按照傍晚时分人流的最高值再乘以 20% 的附加系数。更衣室的衣柜数量应以注册的成员为依据，一般为会员数的 20%。[1] 考虑到会有因清洁或其他诸如坏锁等原因而无法使用的空间。据此，设计者应在刚才计算出的更衣柜数目的基础上再加 10%。

对于健身时间，可以考虑健身一个小时及休息沐浴等半个小时左右（假定客人脱衣、穿衣各需 6min，淋浴需 12min，共 24min[2]）为佳。男性沐浴可能短一些，而女性沐浴时间可能长一些。

二、更衣室的布置原则

会员进入更衣室后通常做的第一件事就是根据手牌号寻找相应的柜箱。

图 116　更衣室布置（一）

图 117　更衣室布置（二）

图 118　更衣室布置（三）

图 119　更衣室布置（四）

后将衣物等放入箱内。因此，更衣柜在更衣室里要容易识别。

图 120 更衣室布置（五）

（一）更衣柜

更衣柜的设计应该大到足以容纳 1 人及以上的衣服、鞋子和其他物品。通常更衣柜高为 1.8 ~ 2.1m 较合适。制造商将其分为全高、1/2 高、1/4 高或 1/3 高的柜子以满足不同的需求，实践证明 1/2 高的柜子是最实用的。当空间有限时，1/3 高的锁柜也可以合用，但同 1/4 高的柜子一样，因容纳不了很多物品，它们并不是很受欢迎。

图 121 更衣柜设置（一）（左）
图 122 更衣柜设置（二）（右）

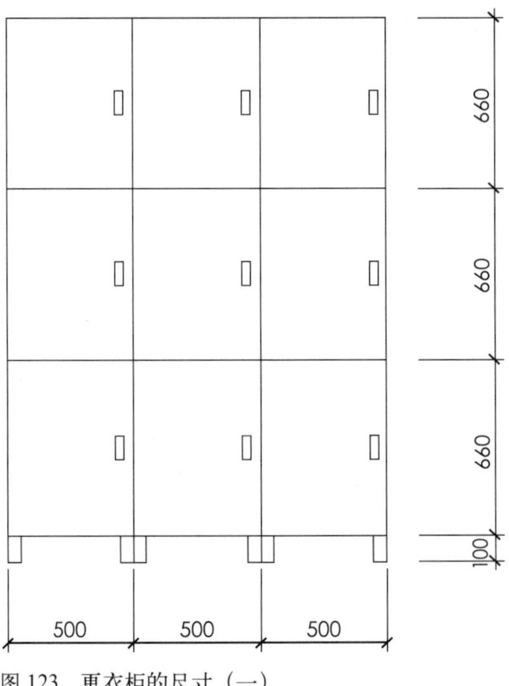

图 123　更衣柜的尺寸（一）

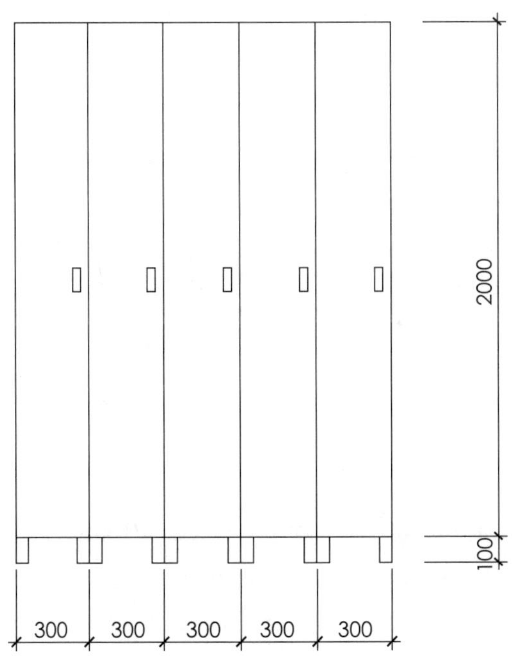

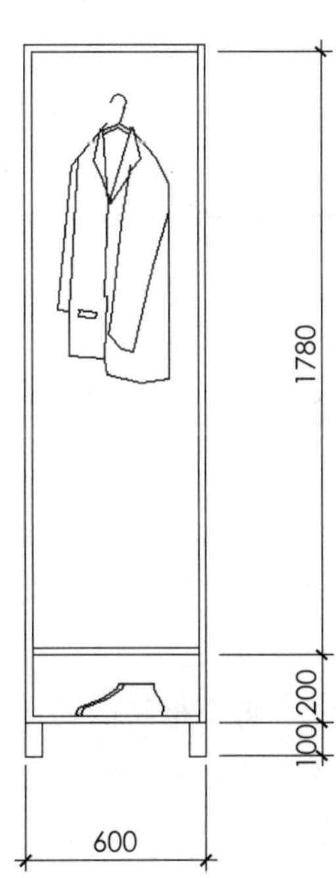

图 124　更衣柜的尺寸（二）

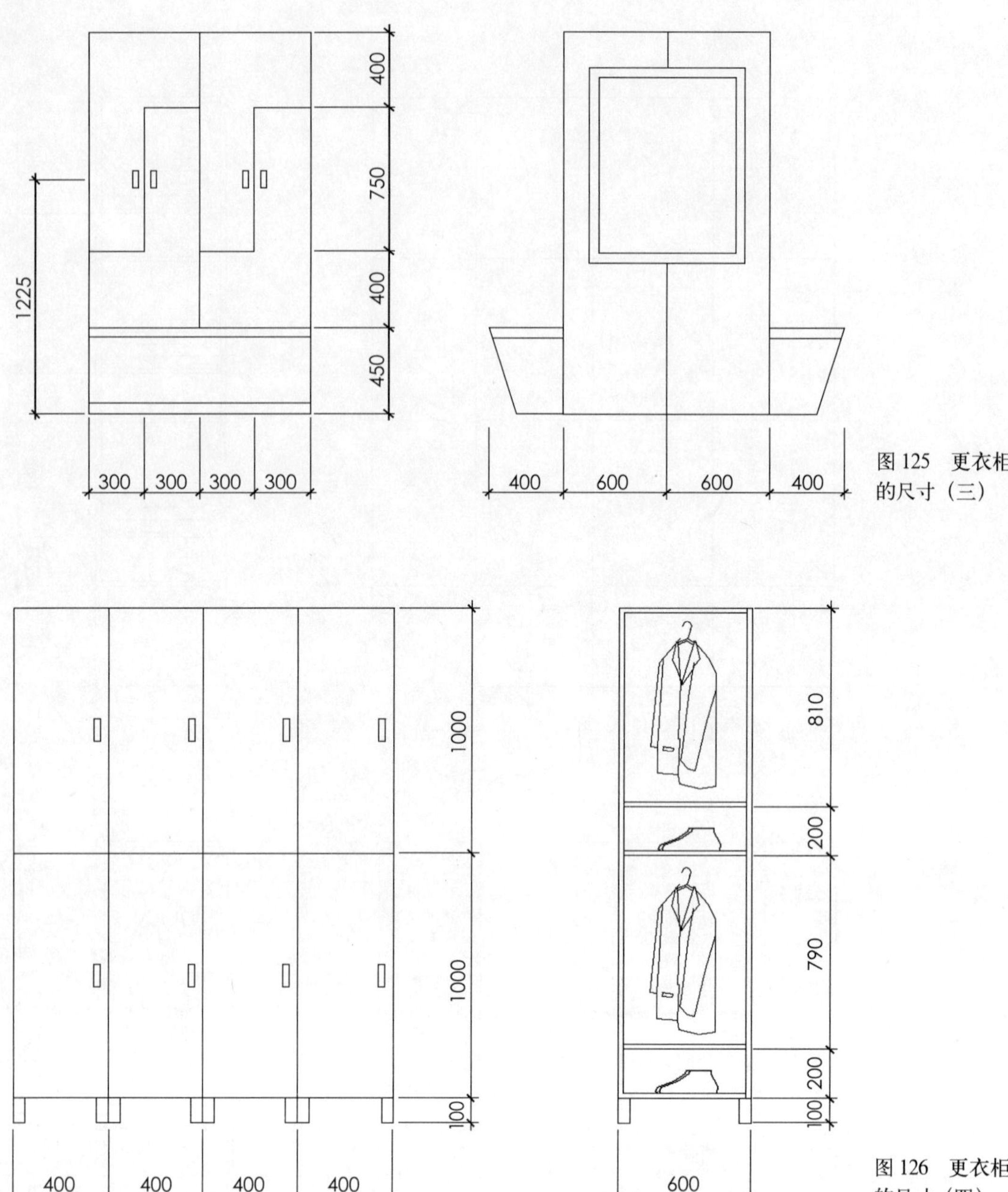

图 125　更衣柜的尺寸（三）

图 126　更衣柜的尺寸（四）

每个柜子的最小的内部尺寸为 560mm 深，300mm 宽。内部应分为两个部分：搁鞋部分和挂衣服部分，同时应设置挂衣杆和双挂钩。门要配备隐蔽的弹簧铰链，顶部和底部可设计通风口，并在门面喷印柜号，每个柜子配备万能钥匙系统，在一些健身会所里，锁柜和锁柜钥匙带被用颜色编码。这会使游客运动完后便于找到自己的锁柜，锁柜的钥匙和锁柜必须用数字清楚标明。对于带有游泳池的更衣室，对那些长期视力不好者的需要也应考虑。比如，在锁柜上使用凸出的、着色浓的大字码可以使盲人或半盲者独立使用。

锁柜必须坚固。柜门饰面应由防腐材料制成，并且可以冲刷。锁柜最弱的地方就是锁头。有许多原因可造成坏锁，所以游泳池应存有多余的锁头或锁管。

（二）更衣凳

在开放式集体更衣室中，每个更衣区需设更衣凳，同时椅子的高度不少于375mm，深度不少于300mm。更衣凳的设计可以结合衣帽钩，这样使用者不必将干衣服放在湿椅子上。在更衣区，锁柜区与隔间相对，中间至少有1.2m宽的通道。然而，因为许多使用者更愿意选择在锁柜区擦干身体，所以设立一个大约宽1.5m的通道是合情合理的。

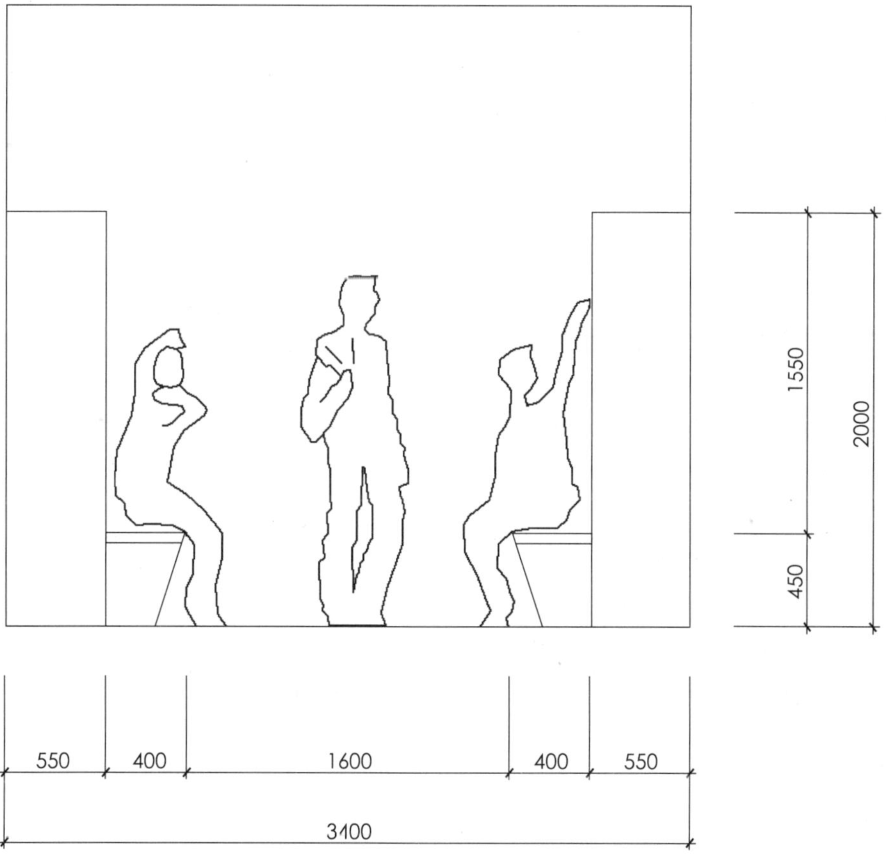

图127　更衣区的尺寸（一）

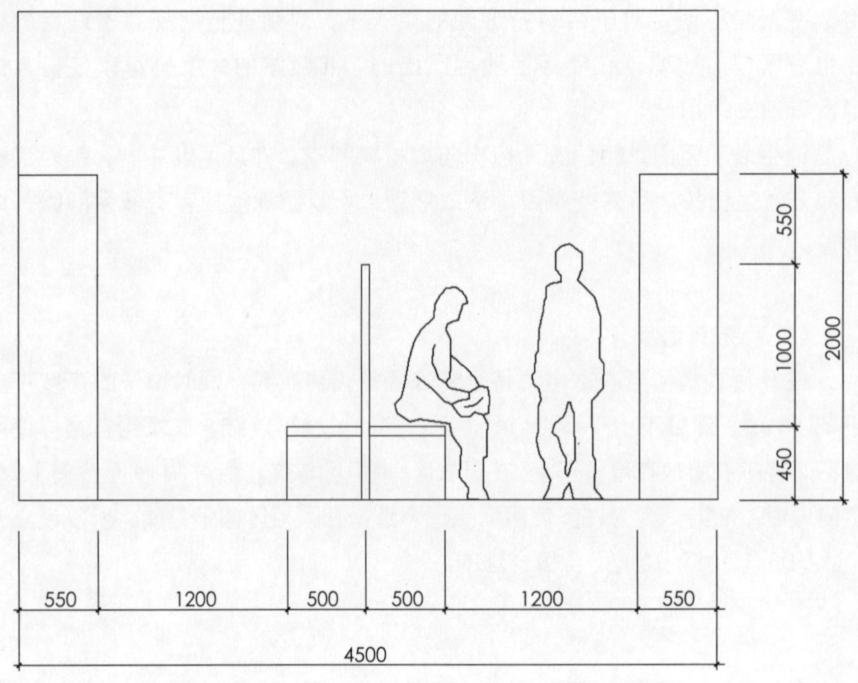

图 128　更衣区的尺寸（二）

（三）贵重物品锁柜

一些游泳池会提供小的贵重物品锁柜，使用者可将手提包、钱包、照相机等放置其中。它们应该放在可以经常被员工监看到的地方，比如接待处。

（四）储物柜

储物柜是供健身会员在租赁的时限内固定专用的，会员可以把一些不便携带的物品如鞋子、水壶、护肤用品等等存放在自己租下的柜子里。其在更衣空间的布置方式比较简单，一般会在靠入口沿墙边设置。目前部分俱乐部考虑到储物柜管理及使用方便，将其统一集中设在健身浴室外相对私密的公共走道里，供全体会员使用。

（五）毛巾提供处

较高档的健身会所会提供给会员洗浴用的毛巾，这些毛巾须放置在特定的位置，干净毛巾和脏毛巾应该分别摆放在不同柜子，并提供下面带有柜子的手推式洗衣车。

三、淋浴间

（一）淋浴间的规模

根据实际经验，沐浴喷头的数量应为存衣柜数目的 15% ～ 20% 左右，且

图 129　淋浴间布置（一）（左）
图 130　淋浴间布置（二）（右）

不低于 10 个。不同类型的健身俱乐部应该根据男女会员比例、健身项目的内容及实际情况来估算。

沐浴间的布置形式常见的有单排式、双排走道式和环岛式。设置沐浴间外走道宽度时应以国家设计规范为基础，单排式外走道净宽一般应为大于等于 1100mm，双排走道式中间走道净宽一般大于等于 1500mm。相邻的莲蓬头间距不小于 0.9~1.0m。

淋浴器的用水水温还应根据当地气候条件、适用对象和使用习惯确定。对于体育场馆的公共浴室，淋浴器用水温度可采用 35℃。淋浴器的用水水温要求见下表。

淋浴器的用水水温要求

设备名称	用水水温（℃）	设备名称	用水水温（℃）
热水池	40 ～ 42	淋浴器	37 ～ 40
温水池	35 ～ 37	浴盆	40
烫脚池	48 ～ 50	洗脸盆	35

为减少沐浴热水的浪费，应该安装弹簧装置或电控制开关。同时水量的大小及水温的高低是可以调节的。沐浴喷嘴应该做工精良，这样就不容易被弯曲、拆卸、塞住或拽住。所有的管道、排水道和蓄水池应该在水槽内。

淋浴隔间应用室内净高的 3/4 高度的防水隔断隔开，并设置淋浴帘以保证隐私。每个空间的最小的尺寸为 100mm×1000mm，有洗浴用品搁物架，安装高度约为 1.5m 左右，同时在星级的健身会所中，在每个淋浴隔间应提供简单的罐装可挤压的洗漱用品。

地面材料要求都是防滑材料，或设置防滑垫。

（二）地面排水的组织

公共浴室内宜采用明沟排水，沟宽不得小于150mm，沟起点有效水深不得小于20mm。沟底坡度不得小于0.01。在有人通行处应设活动盖板，受水断面应做篦子。排水沟末端应设集水坑和活动格网。

图131 淋浴间具体设置

四、桑拿房

桑拿分干蒸与湿蒸两种。它主要是通过蒸汽与皮肤的接触，扩张毛孔，排出毒素、毛孔分泌物，从而促进血液循环和新陈代谢，达到健身美容的目的，是一种“被动运动”。单纯的干蒸和湿蒸称“净桑”。因运动之后，进行桑拿可以恢复身体活力，现在桑拿房已经成为健身会所洗浴设置中的基本配置。

桑拿房应该与淋浴间结合在一起设计。两个桑拿房可以并列或相邻布置，并且位置要靠近沐浴室，方便会员使用。健身会所桑拿房的面积一般较小，服务人数、空间面积视各间俱乐部的具体情况而定，但室内必须满足0.72m^2/人的最小面积要求。桑拿房规划的一般尺寸见下图。

（一）干蒸房的设计

干蒸房一般用桑拿木板拼做成房子，里面有桑拿炉，通过电加热炉丝再传热至桑拿石（火山石），然后在上面浇水使其升温到需要的温度，干蒸桑拿房只是温度高，湿度并不大。

具体设计要求有：

(1) 墙面和顶面上至少安装25mm厚的镶板。镶板为木材，可以是红的雪松，铁杉属植物。并做防水，防热处理使其可以高温暴露，并利用隔断棉保温。室内一定要有通风管道。

(2) 最低标准是提供长凳座，用与墙和天花板同种类的木材建造。

(3) 地面要求是防滑地面，可以移动的板块，提供地面排水。

(4) 提供点燃蒸汽。

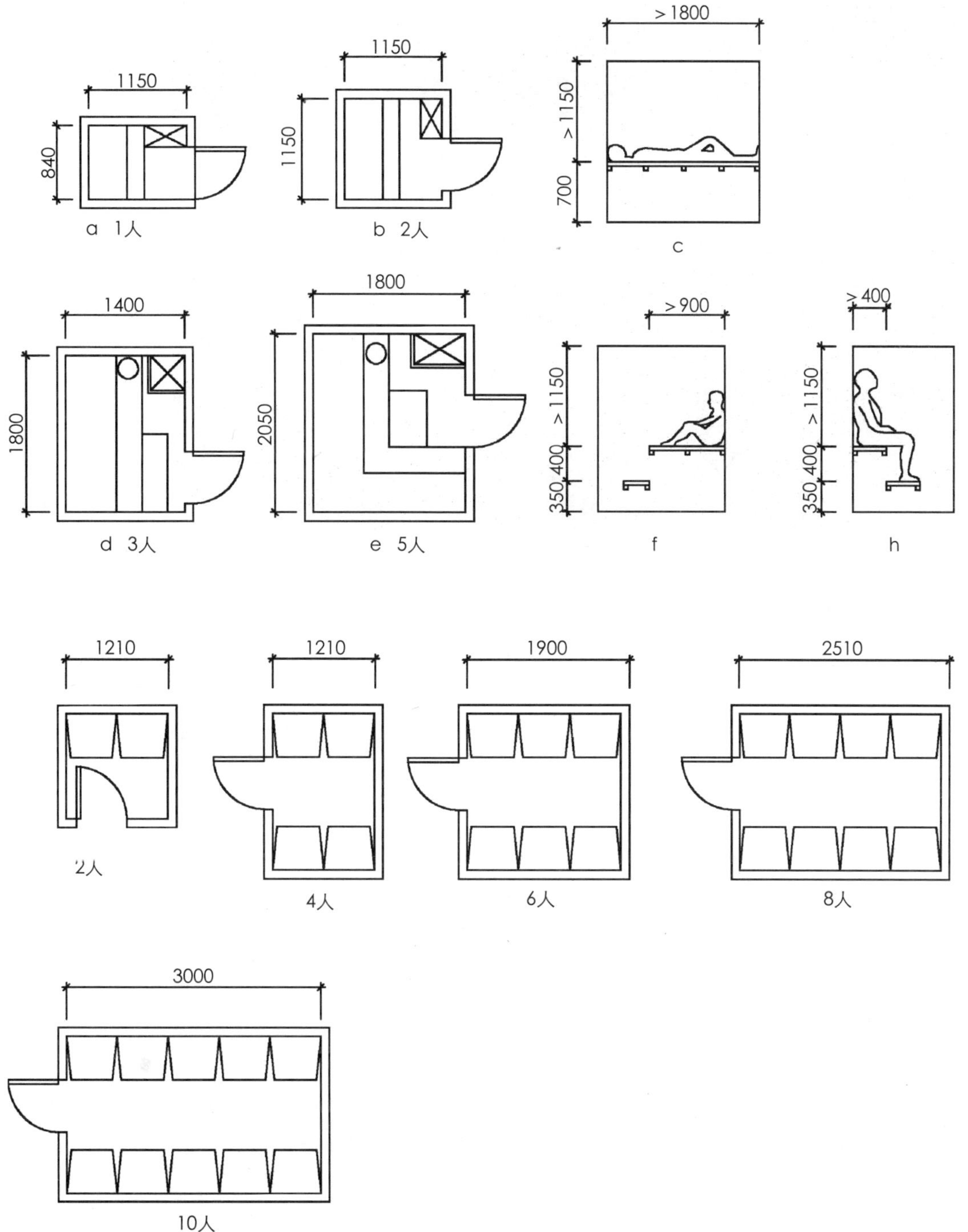

图 132　桑拿房规划的一般尺寸

(5) 木框架玻璃镶板的自动关闭门。

(6) 电控桑热温度，确保适当压力使桑拿室的空气流动。

(7) 接待处装置所有的桑拿控制系统。

图 133　干蒸房布置

(8) 中心求救警报。

(二) 湿蒸房的设计

湿蒸房是用亚克历等光滑材料做的成品房，一般以座位计算大小，最少2座，里面有湿蒸机，将水引进机器里加热成热蒸气，传到房体里提高室内温度。

具体设计要求有:

(1) 室内最低的高度为2400mm;

(2) 界面材料可以使用陶瓷、天然石头、压克力等;

(3) 配置长的休息凳。而且与屋顶、墙体的材料一样;

(4) 地板防滑与墙面接触的部分要一致;

(5) 配置自动关闭进入系统;

(6) 有热水和冻水供应

图 134　湿蒸房布置

软胶管；

(7) 配置中心求救警报。

（三）桑拿房的数据指标[3]

干蒸桑拿浴室的温度一般为 40～90℃，相对湿度小于 60%。桑拿室通风要求是：桑拿房门应与发热炉设在同一墙面，以利于空气循环。通过桑拿房顶设通风管。通风管应安装于间墙与桑拿房顶的相接处。进风口设在发热炉下方，一般桑拿浴室的通风量按照送风大于 6 次 /h 和排风大于 7 次 /h 估算。冬季的送风温度不宜低于 40℃。

蒸汽浴室内空气的温度为 40～60℃，相对湿度高，甚至可达 100%。蒸汽浴的设备多为定型产品，均带有进风口和出风口，进风口设在门下边的围板上，排风口设在小室的顶部，进排风口的面积均依照设备的型号不同而异。

五、化妆区

即使最小的更衣室也应设化妆区，使用者可以吹干或梳理他们的头发，并能进行面部修饰。化妆区应设在更衣区外围，因为这样便于使用者在去更衣区的路上注意到此处，从而减少淋浴后花在更衣区的时间。

每 30 个更衣单位应配有大约一个吹风机和相同数量的镜子，上述两个物品应放在一个架子上，使用者可以将袋子、手提包和其他类似的东西放在上面。星级的健身会所还应该提供纸巾盒等。

图 135　化妆区布置（一）

图 136　化妆区布置（二）

六、卫生间

参考目前健身俱乐部卫生间卫生设施设置的实际情况并进行合理分析，卫生间区域最低包括洗手池、小便器和坐便器。其更衣室卫生间布置有两种倾向：

（1）将更衣室卫生间作为健身会所主要卫生间之一进行考虑，则卫生间在更衣室里需要相对较多的面积，但在公共区域就可以不设置或少设置卫生设施，目前这种布置占多数。男用卫生间坐便器最小限度设置 2 个，小便器最小限度设置 2 个，并且要适合小孩和成年人的高度；女用卫生间坐便器最小限度设置 3 个。盥洗盆最小限度设置 2 个。

（2）将更衣室卫生间只是作为更衣室内部临时使用来考虑，则卫生间在更衣室里占用较少的面积，通常只设置 1 个蹲位，但公共区域还需按照人流数量配置标准的卫生设置。

更衣室男女卫生间须考虑无障碍设施的设置，并应与更衣区和淋浴区结合在一起。可以设置在淋浴房的出口处或者是更衣室的入口处。洗手池台面上有水龙头和液体洗手液，在台面墙上有足够长的镜子，在临近墙上提供纸抽杆。坐便器要设置提供隔断，安装带盖子的马桶、抽纸坐，提供卫生纸，内置衣帽勾。

厕所和淋浴隔间平面尺寸见下表。

厕所和淋浴隔间平面尺寸（m）

类别	平面尺寸（宽 × 深）
外开门的厕所隔间	0.90×1.20
内开门的厕所隔间	0.90×1.40
外开门的厕所	1.00×1.20
内设更衣凳的淋浴隔间	1.00×（1.00+0.60）
盆浴隔间	盆浴长度 ×（盆浴宽度 +0.65）

七、附属设施

（一）日光浴

日光浴是健身俱乐部中比较时尚的美黑设施，通过日光浴的照射，可以美化肌肤，使其更健康好看。日光浴室通常为单独设置的区域，至顶高度至少为 2400mm，界面装饰材料要与健身中心区域相同。提供磨沙玻璃门及暗锁的入口门，提供椅子和衣帽钩。有专门的日晒床和日光浴机，均有按照人的尺寸来设计的成品。若能配置自然光源更好。日光浴室一般配有成品供应。专用晒黑机的尺寸一般为 220cm×110cm×110cm 左右，功率为 3.3 ～ 4.5kW，机器质量大约 90kg。

（二）毛巾供应处

部分高档的健身会所会有洗漱毛巾提供给会员免费使用。有的设置在前

图 137　某更衣室毛巾提供处

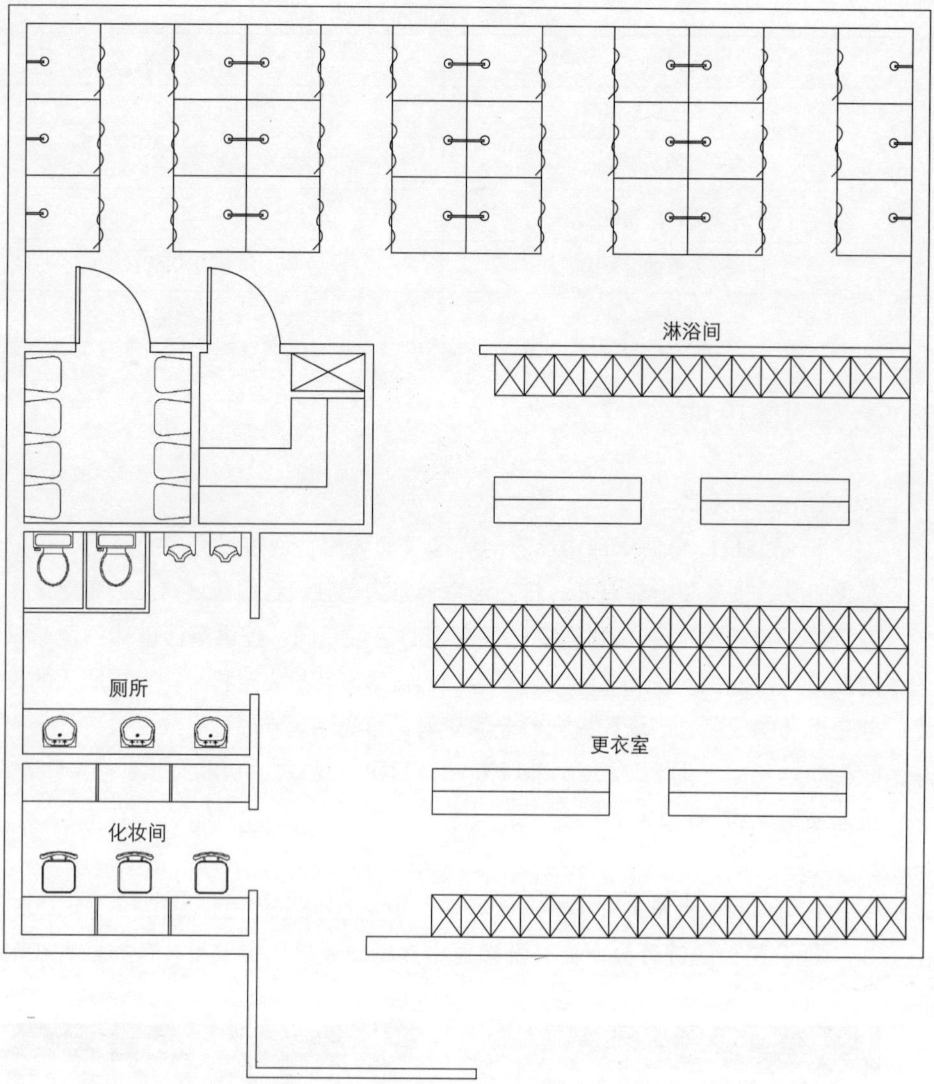

淋浴间

厕所

更衣室

化妆间

图 138　淋浴房的组织形式（一）

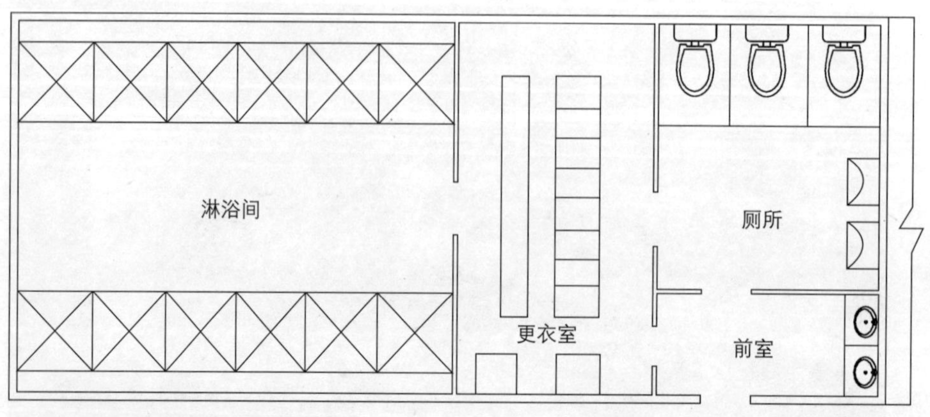

图 139　淋浴房的组织形式（二）

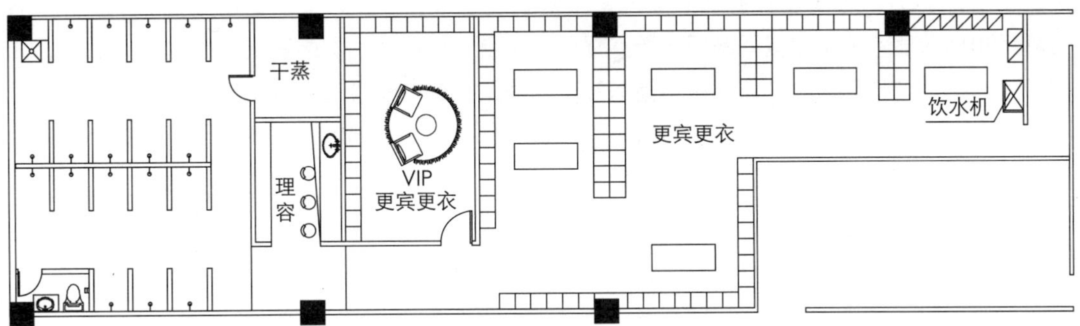

图 140　淋浴房的组织形式（三）

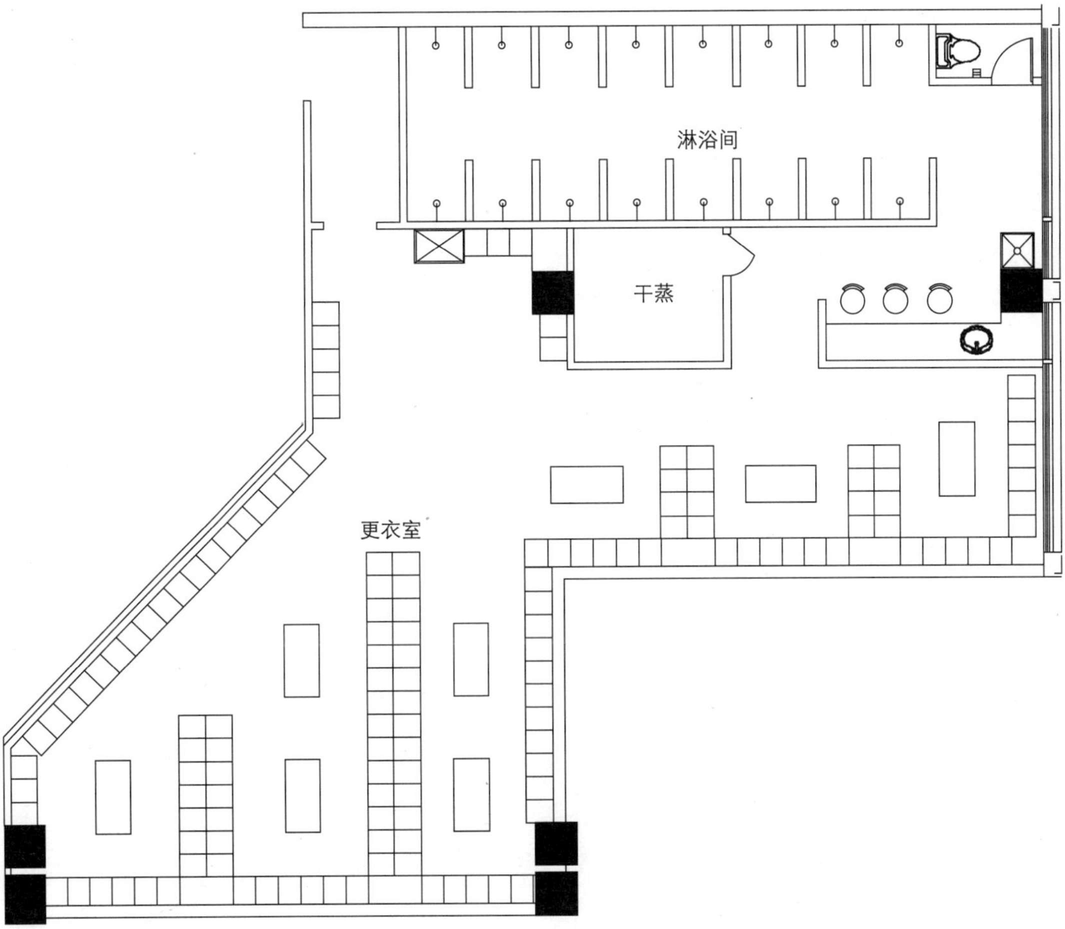

淋浴间
干蒸
更衣室

图 141　淋浴房的组织形式（四）

台，有的则设置在更衣室里。若设置在更衣室里，则要设置向会员提供及回收沐浴毛巾的地方，一般设有毛巾储藏间，可容纳 1 ～ 2 名服务人员的供应柜台和毛巾回收筐，毛巾储藏间的门一般尽量对应柜台，为服务人员的进出提取备用毛巾提供方便。毛巾供应处占用面积较少，通常设置在健身浴室的干区内显眼及提取便利的位置；杂物间的放置清理工具和保洁物品的地方，通常设在湿区洗浴空间位置较为隐蔽的地方，面积一般为 1.8 ～ $2.5m^2$ 之间；消毒间主要是为健身沐浴室内公用设施进行消毒的房间。

以上各部分空间组成了整个健身俱乐部的更衣室，设计首先应该注重它在总平面中的布置情况。附属型健身俱乐部除了考虑其他布局的使用便捷，还应结合主体建筑中已有管道设备综合考虑，而独立型健身俱乐部则应该结合场地地形及城市的相关排水排污管道综合考虑。

注释

1　张绮曼、郑署旸，室内设计资料集，中国建筑工业出版社，1991 年 6 月，P60。

2　杜宏武，会所建筑更衣洗浴功能的组织，四川建筑科学研究，2005 年第 10 期，P145。

3　李娥飞、张力等编著，康体休闲设施的室内环境与通风，中国建筑工业出版社，2009 年 9 月，P12—17。

第十章　健身俱乐部管理及辅助用房设计

健身俱乐部工作人员是对俱乐部进行管理并对会员进行服务的人员，他们也是俱乐部中的第二大人群。对于他们使用空间的考虑也是在规划中比较容易忽略的部分。在许多情况下，为管理人员和服务员工提供的设施无法满足其实际需要。主要问题是由于设计时并没有考虑太多管理人员和服务员工的需要和数量；而在另外一些情况下，是由于经济上过于节省，从而导致了为管理人员和服务员工配备的设施规模和质量的下降，这都会对健身会所的服务和运行产生影响。

为确保俱乐部的正常运作需要，其管理人员和服务员工的结构、操作方法和作息时间都应需事先在规划阶段有所考虑，并将信息提供给设计者。这样规划设计者可以就这些参数着手工作。另外，应标明房间的使用将与所进行的活动怎样联系在一起，这样便于规划者在规划时就明确其位置。

一、办公区域的划分

办公区域的布局将依据健身俱乐部的规模和复杂程度、设施的内容来综合决定。

通常办公区可根据管理和服务大致分为：

（一）经理办公室——带有可以举行 6 人会议空间的私人办公室；

（二）销售部办公室——根据会所的大小及接待能力考虑，一般中型的健身会所考虑 6 人以上；

（三）总办公室——设有 3 人工作台的单独办公间，其中财务办公室应该单独分开；

（四）会议室——可容纳多人举行会议，与其他的办公室相连，可用卷帘隔开以增加使用灵活性；

（五）教练办公室——可容多人工作台的办公室，有简单的体能测试器材。

这些办公区可以设在一个大套间内，也可遍布建筑之内的各个地方。另外，为举行大型会议和活动，应该有不同规模的会议室。

在许多建筑中，办公区位于邻近接待区处。这样就会员而言是较为理想的，会员可以与健身管理处联系，如投诉。在较小的建筑中，将行政办公室紧邻主接待区就会利于控制。办公区应远离主活动区，从而可以创造相对安静的工作环境，同时应便于公众和员工进入。但是，办公区不应该与主活动区分隔开，以免在员工有紧急情况需处理时会有不必要的拖延。销售部及财务部等可以放得比较隐蔽一点，可以根据实际情况决定面积的大小。教练部应该与健身大厅联系在一起，以便于服务会员。

如果可能的话，办公室应该紧挨外墙，且通过窗子可得到自然光，并可向外眺望。若与主通道相连，则应该开窗，便于员工对进入和离去的人进行监看。

办公室的隔断宜为轻质隔断，与通道联系的墙面可采用落地玻璃隔断，通过玻璃磨砂等处理进行视线适当阻隔，一方面可以获得一定的采光，同时内外空间可以产生联系，提高效率。

如健身会所设置有游泳池，可以将部分办公区域设置在游泳池附近，这样员工可眺望到整个泳池的位置，便于观察游泳池情况。池边员工室可被用作急救室。

二、办公服务区域的划分

健身俱乐部在开放时间需有员工服务，因而就要为服务员工在休息、食物准备、衣物存放和更衣方面提供一些便利的设施。

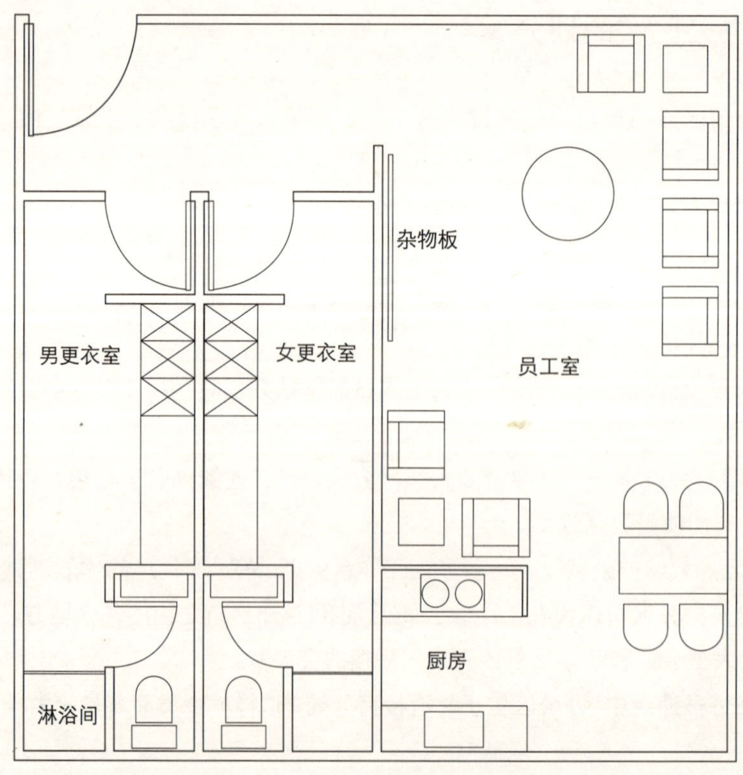

图 142　员工休息室布置

（一）休息室：包括桌子椅子、水槽 / 污水装置、柜橱、微波炉。每位员工配有锁柜。

（二）更衣室：要求设男女更衣室，配有长凳、每位员工的锁柜、沐浴室和依据中心和洗手间的规模而设的沐浴小间。更衣室、洗手间和沐浴室的质量应该与整体设施的质量相一致。洗手间可以使用公共洗手间。

三、设计注意事项

（一）饰面

(1) 地面：设置防污 / 防烟烫地毯或地砖。

(2) 墙壁：涂料及乳胶漆均可，在高级管理人员办公室内也可贴墙纸。色彩可以活泼或动感些，来突出健身会所的气氛。

(3) 顶面：易于修补并且可吸纳噪声，纸面石膏板或矿棉板均可。

(4) 墙面：可以采用铝合金框磨砂玻璃等材料隔断，质轻，形态好，比较有现代感，容易施工，而且使得空间有一定的交流。若配合百叶帘，则有一定的设计感。

（二）家具

所有的办公室都应配备书桌、存放柜、椅子、卷柜、通知板和搁置架；设置员工衣服存放柜，一般不与会员的更衣室合并。

（三）通信

为计算机和其他如复印机的设备提供充分的电源插座，并且所有的办公室要求有相应的电话接口。休息室要求有额外的电源插座和电话接口。

（四）照明和通风

提供一些自然光是适宜的，但必须注意避免耀眼的光和阳光的反射。照明装置应配漫射体。除此之外，在会晤区应设有通风装置。

（五）紧急警报

所有的场所应装警报器，而且与公众对讲 / 紧急求助系统相连。

第十一章　健身俱乐部设备设计

健身俱乐部中，在对于功能合理安排的前提下，“舒适的环境”便成为最重要的因素。室内环境设备是保证俱乐部正常运行及舒适性的基本供给。室内设备的设计也是和室内装饰设计密切相关的内容，室内设计必须要和设备设计紧密结合。

一、设计准备事项

（一）确认建筑业主的要求条件及现场的环境条件；

（二）确认建筑物的层高、楼板荷载、装修、隔声防震措施、货物搬运路线等；

（三）确认电力、电话、自来水及煤气管道等的引入口位置和装修设计的统一性；

（四）机械设备室的位置、大小，从机械设备室通往各管道竖井、通风道空间的路线及顶棚高度；

（五）设置游泳池的健身俱乐部，尤其要充分研究浴池和卫生间及淋浴室的排水管道结合问题；

（六）确认防火分区和防烟分区；

（七）确认垃圾收集和处理方法；

（八）节能措施是降低运营成本的重要措施，通常有室内和设备设计上的多种方法实现；

（九）确认室内设计的装修要求与设备布置之间的关系，若有冲突，要双方协商处理。

二、设备间的布置

对于小型的健身俱乐部，其建筑设备都是从建筑物的总体设备系统上接出的分支系统，一般受整个建筑物设备总容量的控制。但对于大中型独立的健身俱乐部，就需要单独进行设备设计，确定容量。通常都是把设备的主要机房放在地下室或顶层，若无此条件，就需要设置专门的设备室以安放机械设备。小规模的建筑物通常把设备主机放在顶层屋面上。机房的面积因设备装置不同，安装空间和要求就不一样，所以在设计时，重要的是要充分地研究柱距、层高、搬运机器的人行通道等。

（一）制冷机房

对于单独使用的空调系统，因装置不同，在选用涡轮制冷机或冷风制冷机时，要采取防噪声、防振动的措施。采用直燃式热水机时，因是直接燃烧燃料，所以发热量多，但噪声和振动较少，发热多是造成顶棚和周边各房间温度上升的原因，因此有必要采用通风换气和建筑隔热的措施。

（二）锅炉房

布置条件与制冷机房一样，最好靠近制冷机房设置。要把烟囱安放在横向烟囱道最短的位置上，同时要有溢水排水池，地板为现浇炉渣混凝土（厚度在 250mm 以上），并作为排水沟和配管用沟使用。

（三）泵房、给排风机房

给各空调机送水的泵房，无需专用的房间，但由于振动和噪声大，要贴附吸声材料。最好把送风机安放在地面上，对于进气管和排气管，须安装各自独立的风机。

（四）水箱室

水箱的设计以建筑规范标准为准，要能从 6 个面进行检修，空间要求为：四周留 600mm 以上的空间，水箱距顶棚 1m 以上，距地面 600mm 以上。水箱室的上部不能有厕所、热水供应室、浴室等有下水的房间。但不得已必须有这些房间时，要采用双层楼板。

（五）泵房、热水箱室

如果需要设置泵房和热水箱间，由于会有溢水出现或在清洗水箱内部时会有水流出，所以地面上要有排水沟。

（六）空调机房

空调机房的位置最好设在靠近负荷集中的地方，为不发生噪声与振动，墙体和地板的混凝土厚度在 180mm 以上，而且室内要贴附吸声材料。

三、设备设计原则

（一）空调

健身房的夏季空调设计温度为 24 ～ 26℃，相对湿度为 50% ～ 60%，冬季空调温度为 18 ～ 20℃，相对湿度为大于等于 40%，冬季采暖温度为 16 ～ 18℃，空调的新风量为 40m^3/（h · 人），室内允许噪声为 NC45。健身房的负荷主要是人体和照明散热，按照一般的规范手册计算即可，人体的散热、湿度要按照重度活动者选取，人数则应根据工程的具体情况、健身设备的多少而定，一般按照建议为 8 ～ 15m^2/ 人。[1]

空调方式和区域划分：宜采用带有新风的风机盘管系统。一般采用 VRV 系统，便于分区控制。空调系统应根据不同的区域进行划分，并采用分路控制，这样可以节约能源，避免不必要的浪费。

更衣室可以采用风机盘管加新风系统，便于空气流通。

（二）通风及排烟设备

健身房里通风很重要，特别是健身时一般汗流浃背，随着汗水的蒸发，气味也挥发，造成空气污浊，而且二氧化碳的产生量为平时的一倍以上。若空气交换不充分，空气中的细菌、病毒等堆积，易诱发呼吸道疾病。另外，健身器材消毒不严也可造成细菌传播，所以，健身房内应该有排风系统，换气次数不宜小于 3 次 /h。[2] 在游泳池室内每小时需要换气 2~3 次，更衣室每小时需要换气 3~5 次。

排烟用的主通风道要设置在专用竖井里，为了尽量减少横向通风管道，要注意排烟竖井的布局设计，作为专用区域划分，排烟机械要设在高于排烟口的位置。

应急电梯和专用疏散楼梯的排烟室设置，要根据建筑物设计标准法规，采用自然排烟和机械排烟方式。

（三）给排水系统

给水主要考虑淋浴间及卫生间用水。供水量的计算是依据用水人数及平均每人的用水量和使用时间。水箱的容量一般约为 1 天用水量的 1/2，高位水箱的容量为一小时最多用水量的 1 ～ 2 倍。

热水供应设备，多数采用集中供热方式，包括热水供应锅炉、热水箱以及热水供应循环泵等主要机器设备。管道采用铜管、不锈钢管、耐热内衬钢管等。

热水供应系统配水点的水温不宜高于 50℃，热水锅炉或热水加热器的出水温度不宜高于 55℃。

排水设备：因健身会所的更衣室卫生间及淋浴间面积比较大，多为后规划，因此有水的区域应该将地面抬高，并做防水处理，以便于排水管道的布置。淋浴间的用水量比较大，同时容易产生污物堵塞管道，因此淋浴间亦采用排水沟排水，排水沟设雨水篦子，排水沟宽度及做法见给排水图集。

（四）消防设备

消防设备在消防法中已有规定，根据特定防火建筑物的总面积、有无窗户、楼层数等决定需要设置的消防设备。

消防设备有：室内消防栓设备、自动喷淋设备和灭火器。在中型以上健身会所中，这几种设备会同时采用。消防的设计应该符合国家的消防规范，并能与室内装修有机地结合在一起。

（五）电气设备

健身俱乐部的电力荷载计算依据：在健身俱乐部，灯光负荷按照照明功率为 20W/m^2 估算。[3] 设备负荷主要考虑各种建筑设备的用电及大功率的有氧器械比如跑步机等的负荷。

每台跑步机需独立电源供电，并设立独立开关控制（即每个插座独立回路布线，回路中加装空气开关控制）。每个电源插座要求为：电压：220V，电流不小于 15A。

配电干线采用封闭母线或高阻燃铜芯电缆，支线采用 BV 导线穿钢管敷设，主要配电干线由配电室引出至各电气竖井。消防系统的供电干线采用铜芯护套氧化镁防火电缆，支线采用耐火型铜芯电缆或导线，配电线路在电气竖井，设备间内为明设，吊顶内明设的金属线槽或镀锌钢管均做防火处理，敷设于混凝土内的线路采用 SC 焊接钢管。

健身俱乐部应配备应急电源设备，停电时的应急电源设备如下：自用发电机设备、直流电源设备、不断电电源设备等。

健身会所根据不同的空间，照度要求不同，具体设计可以参照下表 [4]，并以日常训练类为标准取值。

健身会所的照度标准

类别	器械健身	团体操健身课程	羽毛球、网球、保龄球	乒乓球、台球	游泳
照度标准（lx）	100-150-200	150-200-300	150-200-300	300-500-750	150-200-300
备注	地面照度	地面照度	地面照度	台面照度	水面照度

LED 节能灯具荧光灯、卤素灯和金属碘灯都比较适合。由于每间健身房的活动都不一样，不同的区域可有所差异，照明必须因地制宜。

在健身俱乐部中，采光可以通过自然采光和人工采光两种方式，如果可能，可以尽量利用自然采光。同时，因为一天中不同时段的锻炼人群数量差别很大，采光条件也不同，因此要设计灯光控制线路，采用时间表控制，按照时间段进行照明控制。在不同的时段可以打开不同回路的灯具，提供不同的照度，以节约能源。

（六）广播音响设备

广播设备一般都是与消防法规定的紧急广播设备合为一体，采用两者兼用式。同时广播系统应该覆盖健身俱乐部室内的各个空间。通常控制在前台，方便进行呼叫。

音响系统也是健身俱乐部非常重要的设备之一，一般应根据空间性质分开设置，比如操房，瑜伽房，动感单车房等均需设置独立的音响系统，其音响的配备和安装应该与专业的音响调控师一起进行商议，以达到最佳的室内音响效果。

（七）安全照明系统

防火用的照明设备分为建筑标准法规定的应急照明设备和消防法规定的人员疏散方向指导灯设备两种。

除法律规定的场所之外，考虑到健身会所的安全性，在厕所、机房等处也应安装应急照明灯。

人员疏散方向指导灯，按照用途分为下列几种：安全出口指示灯室、内安全通道指导灯、走廊通道指导灯、楼梯通道指导灯。

综上所述，作为健身俱乐部环境质量重要表征的室内环境设备对于俱乐部的正常运行有着非常重要的作用，在设计中要充分考虑到以上各种因素，才能为健身俱乐部提供一个舒适、安全、高效的室内健身环境。

注释

1 陆耀庆主编，建筑空调设计手册，中国建筑工业出版社，2000 年第三版，P659。

2 李飞蛾主编，康体休闲设施的室内环境与通风，中国建筑工业出版社，2009 年 9 月第一版，P45。

3 陈小丰编著，建筑灯具与装饰照明手册，中国建筑工业出版社，2000 年 11 月第二版，P551–553。

4 同上。

附 录

一、健身俱乐部常用中英文词汇对照

A

观看区	audience area
有氧训练	aerobic exercise
无氧训练	anaerobic exercise

B

自行车停车场	bicycle park
羽毛球场地	badminton venue
桌球馆	billiard room
锅炉房	boiler room
搏击区	boxing area

C

停车场	car park
教练	coach
更衣室	changing room
关闭	close
心肺训练区	cardio training area
单车教室	cycling room
免费运动项目	complimentary workout program
儿童房	children care room
氯气储备	chlorine storage

D

理容区	dressing area

E

设备间	equipment room

F

免费饮料	tree drinks
自由重量训练区	free-weight area
急救室	first aid room

紧急出口 fire exit

G

集体课程教室 group exercise room

高尔夫场地 golf driving range

H

热椅 heated seat

高温瑜伽教室 hot yoga room

I

上网区 internet zone

J

果汁吧 juice bar

L

最长的开放时间 longest operation time

初学者游泳池 learner pool

锁柜 locker

洗衣店 laundry store

M

经理 manager

按摩室 massage room

按摩池 massage pool

O

办公室 office

开放 open

P

公众入口 public entrance

打扫前 pre-cleanse

水池 pool

私人训练专区 private training area

植物室 plant room

R

休息室 rest area

茶点区 refreshment area

休闲区 recreation area

阅读角 reading corner

接待台 reception

可移动视频 removable screen

阻力训练区 resistance area

S

员工	staff
沐浴单元	shower cubicle
干蒸房	sauna room
湿蒸房	steam room
桑拿屋	sauna cubicle
桑拿器械	sauna materials
游泳池	swimming pool
拉伸区	stretch area
壁球场	squash court
阳光屋	sunshine room

T

乒乓球室	table tennis room

U

太阳灯	UV lamp

V

自动售货机	vending machine

Y

瑜伽教室	yoga room

二、体育场所等级的划分

体育场所等级的划分

第 1 部分：保龄球馆星级的划分及评定

GB/T 18266.1—2000

1 范围

本标准规定了保龄球馆星级划分的依据、要求、条件及评定原则。

本标准适用于开业半年以上的保龄球馆。

2 引用标准

下列标准所包含的条文，通过在本标准中引用而构成为本标准的条文。本标准出版时，所示版本均为有效。所有标准都会被修订，使用本标准的各方应探讨使用下列标准最新版本。

GB 3096—1993 城市区域环境噪声标准

GB 9668 —1996 体育馆卫生标准

GB /T 10001.1—2000 标志用公共信息图形符号

3 定义与代号

3.1 定义

本 标准采用以下定义。

3.1.1 星级 star-rating

表示保龄球馆的等级和类别。

3.1.2 保龄球馆 bowling playground

能够满足人们进行保龄球运动训练、竞赛、健身等活动需要的室内体育场所。

3.2 代号

星级用五角星表示，用一个五角星表示一星级，两个五角星表示二星级，三个五角星表示三星级，四个五角星表示四星级，五个五角星表示五星级。

4 星级的划分和依据

4.1 保龄球馆划分为五级，即五星级、四星级、三星级、二星级、一星级。星级越高，表示保龄球馆的级别越高。本标准的标识按有关标识的标准执行。

4.2 星级的划分以保龄球馆的设施设备及维护保养、清洁卫生、环境与安全救护、服务水平为依据，具体的评定办法按照国家体育总局颁布的《设施设备评定标准及检查表》、《设施设备的维修保养、清洁卫生评定标准及检查表》、《服务质量评定标准及检查表》、《顾客意见评定标准及调查表》等四个文件执行。

5 安全、卫生、环境和建筑的要求

保龄球馆的建筑、附属设施和运营管理应符合消防、安全、卫生、环境保护现行的国家有关法规和标准。

6 星级划分条件

6.1 一星级

6.1.1 馆内设施、设备布局合理，使用方便、安全。

6.1.2 馆内的公共信息图形符号标志符合 GB/T 10001. 1 的要求。

6.1.3 馆内卫生符合 GB 9668 的要求。

6.1.4 馆内外的环境噪声符合 GB 3096 的要求。

6.1.5 保龄球馆的保龄球设施设备应符合本标准附录 A 的要求。

6.1.6 馆内采用区域照明，且目的物照明度良好。

6.1.7 有空调设备，馆内温度常年保持在 18~28℃之间，湿度保持在 30~60%之间。

6.1.8 有计算机管理系统。

6.1.9 每周接待顾客的时间不少于 70 h。

6.1.10 大厅

a）有服务台，且提供接待、问询和一次性总账单结账（商品除外）服务；

b）有保龄球馆简介及平面示意图、服务项目宣传品、服务项目价目表、服务规范条例、顾客须知和意见箱；

c）有公用电话，并备有市内电话簿；

d）有不少于球道总数 6 倍的公用保龄球鞋与相应数量的隔断式鞋柜，球鞋干净、无破损、无异味，并使用一次性套袜；

e）有不少于球道总数 5 倍的会员柜；

f） 有成绩公告栏；

g）有急救箱及常用急救药品；

h）有食品、饮料及小商品销售柜台；

i） 有更衣室。

6.1.11　球道区

a）有至少 6 条标准保龄球球道；

b）球道表面平滑、干净、无炭化点；

c）场地界线、道码、标识点、箭标等标识清晰、规范；

d）球道落油均匀，落油部分的油厚不少于 5 个单位[1]，落油长度为 28~45 英尺[2]；

e）所有光源均有遮光罩，照明舒适、不眩目，照度为 215~300lx；

f） 有布景板。

6.1.12　助走道

a）地面平整、干净、无污渍；

b）助走道空间净高不低于 2.6m，且无任何障碍物；

c）照明不眩目，照度为 55~200lx；

d）有擦手、擦球用具；

e）回球机每次回球时间为 12~18s。

6.1.13　置瓶区

a）照度为 370lx，机械师工作区照度不低于 300lx；

b）空间高度不低于 3m；

c）置瓶机能够将球瓶准确地放置在摆瓶点上，每次置瓶时间不超过 12s，以每小时 8 局的运转速度计，故障发生率低于 15%；

d）保龄球瓶无缺损；

e）置瓶台表面干净、无污渍、标识清晰；

f） 有维修人员工作通道。

6.1.14　座椅区

a）每条球道均配有座椅和置放饮料器皿的桌台；

b）地面平整、干净、无污渍；

c）各道均采用电子记分，电子记分显示屏便于观察；

1）1 个单位 =0.1772μm。

2）1 英尺≈ 30.5cm。

d）有方便取用的摆球架；

e）每条球道平均配有 6 个球面干净、光滑、无损的公用保龄球；

f） 能提供不同重量的保龄球；

g）空间净高度不低于 2.6m；

h）照度为 105~200lx，所有光源均有遮光罩。

6.1.15　辅助设施设备

a）有男女分设的间隔式卫生间；

b）有普通冲水恭桶（池）、男用小便池（槽）；

c）有面盆、梳妆镜、洗手液或香皂、卫生纸与自动干手器；

d）有通风排气设备；

e）提供回车线，车辆出入方便；

f） 各出入通道通畅无障碍，有人员疏散标识和应急疏散出口；

g）有计算机不间断电源。

6.2　二星级

6.2.1　馆内设施、设备布局合理，使用方便、安全。

6.2.2　馆内的公共信息图形符号标志符合 GB/T 10001.1 的要求。

6.2.3　馆内卫生符合 GB 9668 的要求。

6.2.4　馆内外的环境噪声符合 GB 3096 的要求。

6.2.5　保龄球馆的保龄球设施设备应符合本标准附录 A 的要求。

6.2.6　有空调设备，馆内温度常年保持在 18~28℃之间，湿度保持在 35%~55%之间。

6.2.7　馆内采用区域照明，且目的物照明度良好。

6.2.8　有计算机管理系统。

6.2.9　有播音系统。

6.2.10　每周接待顾客时间不少于 84h。

6.2.11　大厅

a）有相应规模的总服务台，且提供接待、问询和一次性总账单结账（商品除外）等服务；

b）有保龄球馆简介及平面示意图、服务项目宣传品、服务项目价目表、服务规范条例、顾客须知和意见箱；

c）有公用电话，并备有市内电话簿；

d）有不少于球道总数 6 倍的公用保龄球鞋与相应数量的隔断式鞋柜，球鞋干净、无破损、无异味，并使用一次性套袜；

e）有不少于球道总数 5 倍的会员柜；

f） 有成绩公布栏；

g）有急救箱及常用急救药品；

h）有专门的换鞋场所和座椅，并提供存鞋服务；

i）有食品、饮料、小商品及保龄球用品销售柜台；

j）有更衣室。

6.2.12 球道区

a）有至少 12 条标准保龄球球道；

b）球道表面平滑、干净、无裂缝、无炭化点；

c）场地界线、道码、标识点、箭标等标识清晰、规范；

d）球道落油均匀，落油部分的油厚不少于 5 个单位，落油长度为 28~45 英尺；

e）犯规自动探测器可自动提示犯规；

f）所有光源均有遮光罩，照明舒适、不眩目，照度为 215~300lx；

g）有曲线球专用球道；

h）布景板图案优美。

6.2.13 助走道

a）地面平整、干净、无污渍；

b）助走道空间净高不低于 2.8m，且无任何障碍物；

c）照明不眩目，照度为 55~200lx；

d）有擦手、擦球用具；

e）回球机每次回球时间为 12~18s。

6.2.14 置瓶区

a）照度不低于 370lx，机械师工作区照度不低于 300lx；

b）空间高度不低于 3m；

c）置瓶台表面干净、无污渍；

d）置瓶机能够将球瓶准确地放置在摆瓶点上，每次置瓶时间不超过 12s，以每小时 8 局的运转速度计，故障发生率低于 15%；

e）保龄球瓶无缺损；

f）有维修人员工作通道。

6.2.15 座椅区

a）每条球道至少配有 2 把座椅和置放饮料器皿的桌台；

b）地面平整、干净、无污渍；

c）电子记分准确、及时，显示屏便于观察；

d）有“一指”保龄球；

e）有方便取用的摆球架；

f）每条球道平均配有 6 个球面干净、光滑、无损的公用保龄球；

g）能提供不同重量的保龄球；

h）空间净高度不低于 2.8m；

i）照明不眩目，照度为 105~200lx，所有光源均有遮光罩。

6.2.16 辅助设施设备

a）有男女分设的间隔式卫生间；

b）有冲水恭桶（池）和冲水男式小便池；

c）有面盆、梳妆镜、洗手液或香皂、卫生纸与自动干手器；

d）有通风排气设备；

e）提供回车线，车辆出入方便；

f）各出入通道通畅无障碍，有人员疏散标识和应急疏散出口；

g）有计算机不间断电源。

6.3 三星级

6.3.1 馆内设施、设备布局合理，使用方便、安全。

6.3.2 馆内外装饰装潢舒适，工艺良好。

6.3.3 馆内外的公共信息图形符号标志符合 GB/T 10001.1 的要求。

6.3.4 馆内卫生符合 GB 9668 的要求。

6.3.5 馆内外的环境噪声符合 GB 3096 的要求。

6.3.6 保龄球馆的保龄球设施设备应符合本标准附录 A 的要求。

6.3.7 有中央空调，馆内温度常年保持在 18~26℃，湿度保持在 40%~50% 之间。

6.3.8 馆内采用区域照明，光照明亮、柔和，且目的物照明度良好。

6.3.9 有播音系统。

6.3.10 有无线通讯设备。

6.3.11 有计算机管理系统。

6.3.12 每周接待顾客时间不少于 98h。

6.3.13 大厅

a）有与保龄球馆规模相适应的总服务台，并提供接待、问询和一次性总账单电脑收费结账（商品除外）服务；

b）有保龄球馆简介及平面示意图、服务项目宣传品、服务项目价目表、服务规范条例、顾客须知和意见箱；

c）有公用电话，并配有市内电话簿；

d）提供留言和馆内寻人服务；

e）有不少于球道总数 6 倍的号码齐全的保龄球鞋与相应数量的隔断式鞋柜，且干净、无破损、无异味，并使用一次性套袜；

f）有不少于球道总数 10 倍的会员柜；

g）有成绩公布栏；

h）有急救箱及常用急救药品；

i）有专门的换鞋场所和座椅，提供存鞋服务；

j）有食品、饮料、小商品及保龄球用品销售柜台；

k）有更衣室。

6.3.14 球道区

a）有至少 16 条无干扰的标准保龄球球道；

b）球道表面平滑、干净、无炭化点；

c）场地界线、道码、标识点、箭标等标识清晰、规范；

d）犯规探测器始终自动提示犯规；

e）球道落油均匀，落油部分的油厚不少于 5 个单位，落油长度为 28~45 英尺；

f）提供不同投球方法需求的球道，其中：曲线球专用球道至少有 4 条；

g）所有光源均有遮光罩，照明舒适、不眩目，照度为 215~300lx；

h）有图案优美的布景板。

6.3.15 助走道

a）地面颜色均匀、平整、干净、无污渍、无划痕；

b）助走道空间净高不低于 3.0m，且无任何障碍物；

c）照明舒适，不眩目，照度为 55~200lx；

d）有擦手、擦球用具；

e）回球机每次回球时间为 12~18s。

6.3.16 置瓶区

a）照度不低于 370lx，机械师工作区照度不低于 300lx；

b）空间高度不低于 3.5m；

c）置瓶台表面平滑、干净、无污渍；

d）自动置瓶机能够准确地将球瓶放置在摆瓶点上，每次置瓶时间不超过 12s，以每小时 8 局的运转速度计，故障发生率低于 10%；

e）保龄球瓶无缺损；

f）有维修人员工作通道不小于 1m。

6.3.17 座椅区

a）每条球道至少配有 2 把座椅和置放饮料器皿的桌台；

b）地面平整、干净、无污渍；

c）球道均采用双屏幕电子记分，显示屏便于观察，并可自助开局与记分；

d）有方便取用的摆球架；

e）每条球道平均配有 6 个球面干净、光滑、无损的公用保龄球；

f）能提供不同重量的保龄球；

g）有“一指”保龄球；

h）空间净高度不低于 3.0m；

i）照明舒适且不眩目，照度为 105~200lx，所有光源均有遮光罩。

6.3.18 辅助设施设备

a）有男女分设的间隔式卫生间；

b）有冲水恭桶（池）和冲水男式小便池；

c）有面盆、梳妆镜、洗手液或香皂、卫生纸、废物桶（箱）与自动干手器；

d）有通风排气设备；

e）提供回车线，车辆出入方便，有至少 16 个停车位；

f） 各通道和出入口通畅无障碍，有人员疏散标识和应急疏散出口；

g）有计算机不间断电源；

h）地上或地下三层以上的保龄球馆有客用电梯；

i） 有闭路监视装置；

j） 保龄球馆四周环境整洁；

k）采用两路供电。

6.3.19 选择项目（共 20 项，至少具备 12 项）

a）有宾客休息场所，并配有桌、椅或沙发、茶几；

b）有吸烟室或吸烟区；

c）大厅有冷、热水饮水器；

d）提供技术指导服务；

e）提供比赛赛事服务；

f） 提供计算机、打印机、复印机；

g）提供保龄球运动技术资料；

h）提供录像机；

i） 有打孔机；

j） 有球道清洗机；

k）有自动上油机；

l） 有球秤、硬度计；

m）提供保龄球钻孔服务；

n）提供洗球服务；

o）能够为残障人提供特殊服务；

p）大厅及公共活动区布置有花木、盆景；

q）提供餐饮服务；

r） 提供贵重物品存放服务；

s） 球道摄像回放系统；

t） 有无视觉障碍的观众席位。

6.4 四星级

6.4.1 馆内设施、设备布局合理、使用方便、安全。

6.4.2 馆内外装饰装潢工艺精细，风格典雅。

6.4.3 馆内外的公共信息图形符号标志符合 GB/T 10001.1 的要求。

6.4.4 卫生符合 GB 9668 的要求。

6.4.5 馆内外环境噪声符合 GB 3096 的要求。

6.4.6 保龄球馆的保龄球设施设备应符合本标准附录 A 的要求。

6.4.7 有中央空调，各区域通风良好，馆内温度常年保持在 18~23℃、湿度保持在 42%~48% 之间。

6.4.8 馆内采用区域照明，光照明亮、柔和，且目的物照明度良好。

6.4.9 有闭路电视、播音系统。

6.4.10 有无线通讯设备。

6.4.11 有计算机管理系统。

6.4.12 每周接待宾客时间不少于 112h。

6.4.13 大厅

a）有与保龄球馆规模相适应的总服务台，并提供接待、问询、预定和一次性总账单电脑收费结账（商品除外）等服务；

b）有保龄球馆简介及平面示意图、服务项目宣传品、服务项目价目表和服务规范条例、顾客须知和意见箱；

c）有公用电话，并备有市内电话簿；

d）提供留言服务和馆内寻人服务；

e）提供信用卡服务；

f）有不少于球道总数 6 倍的号码齐全的公用保龄球鞋与相应数量的隔断式鞋柜，且干净、无破损、无异味，并使用一次性套袜；

g）有不少于球道总数 10 倍的会员柜；

h）有成绩公布栏；

i）有急救箱及常用急救药品；

j）有专门的换鞋场所和座椅，并提供存鞋服务；

k）提供摄像服务；

l）有食品、饮料、小商品及保龄球用品销售柜台，并有保龄球专用品至少 10 种；

m）有更衣室。

6.4.14 球道区

a）有至少 24 条同平面、同方向、无柱、两侧无干扰的标准保龄球球道（或至少 32 条两侧无干扰的标准保龄球球道）；

b）球道表面平滑、干净、无炭化点；

c）场地界线、道码、标识点、箭标等标识清晰、规范；

d）犯规探测器始终自动提示犯规；

e）球道落油均匀，落油部分的油厚至少 5 个单位，落油长度为 28~45 英尺；

f）能够提供不同投球方法需要的球道，其中：曲线球专用球道至少有 6 条；

g）有儿童球道；

h）有标明不同重量球瓶的球道；

i）所有光源均有遮光罩，照明舒适、不眩目，照度为 215~300lx；

j）有图案优美、风格独特的布景板。

6.4.15　助走道

a）地面颜色均匀、平整、干净、无污渍、无划痕；

b）助走道空间净高不低于 3.2m，且无任何障碍物；

c）照明舒适、不眩目，照度为 55~200lx；

d）有擦手、擦球用具；

e）回球机每次回球时间为 12~18s。

6.4.16　置瓶区

a）置瓶区的照度不低于 370lx，机械师工作区照度不低于 300lx；

b）置瓶区空间高度不低于 3.5m；

c）置瓶台表面平滑、干净、无污渍；

d）自动置瓶机能够准确地将球瓶放置在摆瓶点上，每次置瓶时间不超过 12s，以每小时 8 局的运转速度计，故障发生率低于 5%；

e）有重量不低于 3 磅 6 盎司[1)]、不同重量、表面光滑、无缺损的保龄球瓶；

f）有宽度不小于 lm 的维修人员工作通道。

6.4.17　座椅区

a）每条球道至少配 3 把休息用的靠背座椅和置放饮料器皿的桌台；

b）地面平整、干净、无污渍、无划痕；

c）球道均采用双屏幕电子记分，显示屏便于观察，并可自助开局与记分；

d）有方便取用的摆球架；

e）每条球道平均配有 6 个球面干净、光滑、无损的公用保龄球；

f）能提供不同重量的保龄球；

g）“一指”保龄球的数量为总球数的 10%；

h）空间净高度不低于 3.3m；

i）照明舒适且不眩目，照度为 105~200lx，所有光源均有遮光罩。

6.4.18　辅助设施设备

a）有男女分设间隔式卫生间；

b）有冲水恭桶（池）和冲水男式小便池；

c）有残疾人用厕位；

d）有面盆、梳妆镜、洗手液或香皂、卫生纸、废物桶（箱）与自动干手器；

e）有通风排气设备；

f）提供回车线，车辆出入方便，有至少 24 个停车位；

g）各出入口、通道通畅无障碍，有人员疏散标识和应急疏散出口；

h）有计算机不间断电源；

1）1 磅≈ 0.454 千克。1 盎司≈ 28.3 克。

i) 地上或地下三层以上的保龄球馆有客用电梯；

j) 有闭路监视装置；

k) 保龄球馆四周环境优美；

l) 采用两路供电。

6.4.19 选择项目（共 21 项，至少具备 15 项）

a) 有宾客休息场所，并配有桌、椅或沙发、茶几；

b) 有吸烟室或吸烟区；

c) 大厅、座椅区有冷、热水饮水器；

d) 提供技术指导服务；

e) 提供比赛赛事服务；

f) 提供计算机、打印机、复印机；

g) 提供保龄球运动技术资料；

h) 提供录像机；

i) 有打孔机，

j) 有球道清洗机；

k) 有自动上油机；

l) 有球秤、硬度计；

m) 提供保龄球钻孔服务；

n) 提供洗球服务；

o) 能够为残障人提供特殊服务；

p) 大厅及公共活动区布置有花木、盆景；

q) 有餐饮服务；

r) 提供贵重物品存放服务；

s) 有球道摄像回放系统；

t) 有无视觉障碍观众席位；

u) 有活动看台。

6.5 五星级

6.5.1 馆内设施、设备布局合理、使用方便、安全。

6.5.2 馆内外装饰装潢工艺精细，有突出风格。

6.5.3 馆内外的公共信息图形符号标志符合 GB/T 10001.1 的要求。

6.5.4 卫生符合 GB 9668 的要求。

6.5.5 馆内外环境噪声符合 GB 3096 的要求。

6.5.6 保龄球馆的保龄球设施设备应符合本标准附录 A 的要求。

6.5.7 有中央空调，各区域通风良好，馆内温度常年保持在 18~23℃、湿度保持在 42%~48% 之间。

6.5.8 馆内采用区域照明，光照明亮、柔和，且目的物照明度良好。

6.5.9　有闭路电视系统、播音系统与投球者投球动作回放系统。

6.5.10　有无线通讯设备。

6.5.11　有计算机管理系统。

6.5.12　每周接待宾客的时间不少于 126h。

6.5.13　大厅

a）有与保龄球馆规模相适应的总服务台，并提供接待、问询、预定和一次性总账单电脑收费结账（商品除外）等服务；

b）有保龄球馆简介及平面示意图、服务项目宣传品、服务项目价目表、服务规范条例、顾客须知和意见箱；

c）有公用电话，并备有市内电话簿；

d）提供留言和馆内寻人服务；

e）提供信用卡服务；

f）有不少于球道总数 6 倍的号码齐全的公用保龄球鞋与相应数量的隔断式鞋柜，且干净、无破损、无异味，并使用一次性套袜；

g）有不少于球道总数 10 倍的会员柜；

h）有成绩公布栏；

i）有急救箱及常用急救药品；

j）有专门的换鞋场所和座椅，并提供存鞋服务；

k）有冷、热水饮水器；

l）提供摄像服务；

m）有食品、饮料、小商品及保龄球用品销售柜台，并有保龄球专用品至少 15 种；

n）有更衣室。

6.5.14　球道区

a）有至少 36 条同平面、同方向、无柱、两侧无干扰的标准保龄球道；

b）球道表面平滑、干净、无裂缝、无炭化点；

c）场地界线、道码、标识点、箭标等标识清晰、规范；

d）犯规探测器始终自动提示犯规；

e）球道落油均匀，落油部分的油厚不少于 5 个单位，落油长度为 28~45 英尺，油质为无色、无味、阻燃润滑剂；

f）能够提供不同投球方法需求的球道，其中：曲线球专用球道至少有 18 条；

g）有儿童球道；

h）有标明不同重量球瓶标志的球道；

i）所有光源均有遮光罩，照明舒适、不眩目，照度为 215~300lx；

j）有图案优美、风格独特的布景板。

6.5.15　助走道

a）地面颜色均匀、平整、干净、无污渍、无划痕；

b）助走道空间净高不低于 4.0m，且无任何障碍物；

c）照明舒适，不眩目，照度为 55~200lx；

d）有擦手、擦球用具；

e）回球机每次回球时间为 12~18s。

6.5.16 置瓶区

a）照度不低于 370lx，机械师工作区照度不低于 300lx；

b）空间高度不低于 4.0m；

c）置瓶台表面平滑、干净、无污渍；

d）自动置瓶机能够将球瓶准确地放置在摆瓶点上，每次置瓶时间不超过 12s，以每小时 8 局的运转速度计，故障发生率低于 5%；

e）有重量不低于 3 磅 6 盎司、不同重量、表面光滑、无缺损的保龄球瓶；

f）维修人员工作通道宽度不小于 1m。

6.5.17 座椅区

a）每条球道至少配有 3 把休息用的靠背座椅和置放饮料器皿的桌台；

b）地面平整、干净、无污渍；

c）球道均采用双屏幕电子记分，显示屏便于观察，并可自助开局与记分；

d）有方便取用的摆球架；

e）每条球道平均配有 6 个球面干净、光滑、无损的公用保龄球；

f）能提供不同重量的保龄球；

g）有“一指”保龄球的数量为总球数的 15%；

h）空间净高度不低于 4.2m；

i）照明舒适且不眩目，照度为 105~200lx，所有光源均有遮光罩。

6.5.18 辅助设施设备

a）有男女分设的间隔式卫生间；

b）有冲水恭桶（池）和男式冲水小便池；

c）有残疾人用厕位；

d）有面盆、梳妆镜、纸巾、洗手液或香皂、卫生纸、卫生纸废物桶（箱）与自动干手器；

e）有独立的通风排气设备；

f）提供回车线，车辆出入方便，有至少 36 个停车位；

g）各出入口、通道通畅无障碍，有人员疏散标识和应急疏散出口；

h）有计算机不间断电源；

i）地上或地下三层以上的保龄球馆有客用电梯，内部装修良好；

j）有闭路监视装置；

k）保龄球馆四周环境优美、有绿化带；

l）采用两路供电。

6.5.19　选择项目（共 21 项，至少具备 18 项）

a）有宾客休息场所，并配有桌、椅或沙发、茶几；

b）有吸烟室或吸烟区；

c）大厅、座椅区有冷、热水饮水器；

d）提供技术指导服务；

e）提供比赛赛事服务；

f）提供计算机、打印机、复印机；

g）提供保龄球运动技术资料；

h）提供录像机；

i）有打孔机；

j）有球道清洗机；

k）有自动上油机；

l）有球秤、硬度计；

m）提供保龄球钻孔服务；

n）提供洗球服务；

o）能够为残障人提供特殊服务；

p）大厅及公共活动区布置有花木、盆景；

q）提供餐饮服务；

r）提供贵重物品存放服务；

s）有球道摄像回放系统；

t）有无视觉障碍观众席位；

u）有活动看台。

7　服务质量要求

7.1　服务人员从业资格要求

保龄球馆的服务人员必须有相应的职业资格，且须持证上岗。

7.2　服务基本原则

7.2.1　对客人一视同仁。

7.2.2　对客人礼貌、热情、友好。

7.2.3　对客人诚实，公平交易。

7.2.4　尊重民族习俗，不损害民族尊严。

7.2.5　遵守国家法律、法规，保护客人合法权益。

7.2.6　能够迅速、妥善处理顾客的投诉。

7.3　服务基本要求

7.3.1　仪容仪表要求

a）服务人员的仪容仪表端庄、大方、整洁；

b）服务人员应佩戴工牌，着装统一，符合上岗要求；

c）服务人员应表情自然、和谐、亲切，提倡微笑服务。

7.3.2　行为要求

a）举止文明；

b）姿态端庄；

c）主动服务；

d）符合岗位规范。

7.3.3　语言要求

a）语言要文明、礼貌、简明、清晰；

b）提倡讲普通话；

c）对客人提出的问题无法解决时，应予以耐心解释，不推诿和应付。

7.3.4　服务业务能力与技能要求

服务人员能够熟练掌握业务知识和技能。

7.3.5　服务质量保证体系

具备适应本保龄球馆运行的、有效的整套管理制度和作业标准，有检查、督导及处理措施。

有对球道、球瓶、回球机、置瓶机、保龄球等其他专用设备进行维修保养执行情况、故障排除情况、各种设施设备使用情况的详细资料记录。

体育场所等级的划分
第 2 部分：健身房星级的划分及评定
GB/T 18266.2—2002

1　范围

GB/T18266 的本部分规定了健身房的分等定级原则及评定方法。

本部分适用于各类开业一年以上健身中心、健身会、健身健美俱乐部、健身健美培训学校等健身房的等级划分及评定。

2　规范性引用文件

下列文件中的条款通过 GB/T 18266 的本部分的引用而成为本部分的条款。凡是注日期的引用文件，其随后所有的修改单（不包括勘误的内容）或修订版均不适用于本部分，然而，鼓励根据本部分达成协议的各方研究是否可使用这些文件的最新版本。凡是不注日期的引用文件，其最新版本适用于本部分。

GB 3096 城市区域环境噪声标准

GB 9668 体育馆卫生标准

GB/T 10001.1 标志用公共信息图形符号　第 1 部分：通用符号

GB 17498 健身器材的安全通用要求

3　术语、定义及代号

3.1　术语和定义

下列术语和定义适用于 GB/T18266 的本部分。

3.1.1　健身房 gymnasium

设有集体健身场地、负重和有氧健身器械设备以及健身指导人员，并向消费者提供有偿健身健美服务的体育场所。

3.2　代号

星级用五角星表示，用一个五角星★表示一星级，两个五角星★★表示二星级，三个五角星★★★表示三星级，四个五角星★★★★表示四星级，五个五角星★★★★★表示五星级。

4　星级的划分和依据

4.1　健身房划分为五个星级，即五星级、四星级、三星级、二星级、一星级。最高星级为五星级，最低星级为一星级。星级越高，表示健身房的级别越高。GB/T 18266 的本部分的标识按有关标识的标准执行。

4.2　星级的划分以健身房的清洁卫生、环境与安全救护、设备设施及维护保养、服务水平为依据，具体的评定办法按照国家体育行政主管部门颁布的设施设备评定标准、设施设备的维修保养评定标准、清洁卫生评定标准、服务质量评定标准、顾客意见评定标准等五项标准执行。

5　安全、卫生、环境和建筑的要求

健身房的建筑、附属设施和运行管理应符合国家颁布的有关消防、安全、卫生、环境保护等现行法规和标准的要求。

6　星级的划分条件

6.1　五星级

6.1.1　健身房设施设备基本条件

a）健身房设施、设备布局合理，使用方便、安全；

b）健身房内外装饰装潢工艺精细，风格突出；

c）健身房内标志用公共信息符号应符合 GB/T 10001.1 的要求；

d）健身房卫生应符合 GB 9668 的要求；

e）健身房内外环境噪音应符合 GB 3096 的要求；

f）有中央空调系统和通风排气系统，各区域温度适宜，通风良好，室内空气呈负压状态；

g）有自备发电系统或两路供电系统；

h）健身房光照明亮、柔和，其中练习区采用暖色光源；

i）有计算机管理系统；

j）有闭路电视、视频播放系统、背景音乐系统。

6.1.2 每周营业时间不少于 80h。

6.1.3 接待区

a）有接待处，并提供接待、问询、电脑结账等服务；

b）有健身房简介、服务项目的宣传品、服务项目价目表、服务规范条例、宾客须知和意见箱；

c）有健身教练简介、锻炼项目课程表；

d）提供留言和馆内寻人服务；

e）能提供个人健身预约指导服务；

f）能提供会员定期健康检查服务；

g）能够用流利的 2 种外语（英语为必备语种）进行接待服务；

h）能够为残障人提供特殊服务；

i）有客人休息区域，并配有茶几和座椅，舒适典雅；

j）有电视机、报刊、杂志和健身运动资料；

k）有水吧，供应饮料、食品等，且品种丰富；

l）有健身运动用品商店；

m）各种指示用和服务用文字用中、外文同时表示；

n）公用电话不少于 2 部，并配有隔音罩；

o）有数量与接待能力相适应的会员柜；

p）摆放花木或盆景；

q）配有挂钟；

r）设有废物桶（箱）。

6.1.4 练习区域

a）器械练习区域

1）空间净高度不低于 2.8m；

2）场地的地面为地毯、塑胶材料或木质厚台，地面平坦、水平划一；

3）有壁镜，镜面投影清晰，影像不变形；

4）墙壁装饰壁画或图文并茂的挂图；

5）有休息用有背座椅；

6）配有饮水器（机），并供应饮用水；

7）废物桶不少于 2 个；

8）有挂钟；

9）健身器材：

- 器材为正规厂家生产的合格产品，质量稳定，安全可靠，应符合 GB17498 的要求；
- 能清楚区分出心肺功能练习区、力量器械练习区和自由重物练习区；
- 器材状态良好，完好率达 100%，而且整洁卫生，无污迹；

- 自由重物练习区至少有 20 副的固定哑铃和 12 副调节哑铃，以及数量与之相匹配的哑铃架；
- 至少有 4 副标准杠铃和 10 副小杠铃，以及数量与之相匹配的杠铃架；
- 至少有 4 台卧推架，3 台深蹲架；
- 颈肩部练习器不少于 4 种（台）；
- 背部练习器不少于 4 种（台）；
- 胸部练习器不少于 4 种（台）；
- 臂部练习器不少于 4 种（台）；
- 腹部练习器不少于 4 种（台）；
- 臀部练习器不少于 2 种（台）；
- 大腿练习器不少于 3 种（台）；
- 小腿练习器不少于 2 种（台）；
- 单站练习器占力量练习器总数的比例不少于 60%；
- 力量练习器间距不少于 1m，且通道宽敞；
- 心肺练习器（跑步机、健身车、登山机、椭圆运动练习机、划船机等）不少于 35 台；
- 心肺练习器皆为电脑程控式；
- 心肺练习器皆能监控锻炼者心率的变化；
- 至少 80% 的心肺练习器配有单独的音像设备及耳机。

10）在练习器的醒目处张贴有中、外文标注的器材名称、具体用途、使用说明或图示；

11）有至少 2 套公共音像设备；

12）营业时间同时有至少 3 名社会体育指导员在场服务。

b）集体练习区域

1）空间净高度不低于 3.0m；

2）有至少两个独立的集体练习区，且使用面积总和不少于 $300m^2$；

3）集体练习区域必须与器械练习等其他区域分隔开，且隔音效果好；

4）地面材料为优质木地板或弹性较好的塑胶材料，且地面平坦，无裂缝，无破损；

5）有壁镜，镜面投影清晰，影像不变形；

6）照明良好，光线明亮，但不旋目；

7）配有高质量的专业音响，声音效果好，有无线麦克风；

8）软垫不少于 50 套；

9）辅助健身器材（如小哑铃、杠铃、踏板、拉力皮筋、健身球等）不少于 3 种；

10）配有饮水器（机），并供应饮用水；

11）能开设至少 5 种不同内容针对不同水平群体的集体健身课程，且平均每天至少开设 5 节集体健身课。

6.1.5　体测、医务区

a）有完整的身体形态、机能、素质测试系统，能准确地测定身体成分、心肺功能和肌肉力量；

b）能为宾客进行全面的身体评价，并能制定完善的健身健美计划和营养计划；

c）有医务室和专业医务人员，并备有常规急救药品和设备；

d）有至少 5 台身体放松、按摩设备。

6.1.6　更衣室

a）地面为防滑材料，有通风排气设备；

b）更衣柜数量不少于 300 个；

c）更衣柜结构牢固，安全美观，整洁卫生，内有衣架和搁板；

d）有休息座椅（或条凳）、镜子。

6.1.7　淋浴室

a）位置合理，男女分设；

b）地面铺设防滑材料，有通风排气设备；

c）喷头数量不少于 20 个；

d）有洗手池和面镜；

e）有洗浴用品搁物架（台）；

f）营业时间内持续供应冷热水；

g）有桑拿浴或蒸汽浴室。

6.1.8　卫生间

a）有男女分设的间隔式卫生间；

b）装修讲究，整洁卫生；

c）配有低噪音、节水的恭桶和小便池；

d）有洗手池、面镜、洗手液或香皂、擦手巾、卫生纸、自动干手器。

6.1.9　公共区域

a）公共交通便利，交通工具出入方便，便于人员及车辆的疏散；

b）有充足方便的停车条件。

6.1.10　选择项目（共 12 项，至少具备 6 项）

a）50% 心肺练习器配备的音像设备可以上网；

b）有水中有氧练习区；

c）有室内跑道；

d）有健身车集体练习区（Spinning）；

e）有休闲区域（茶室、会客室等）；

f）有安全保卫监视系统（包括摄像头和监控室）；

g）提供运动餐饮；

h）有自助式健身查询系统；

i）有冲浪浴或旋流浴；

j）提供理疗服务；

k）有美容、美发服务；

l）获省级以上行政管理部门评定的综合性荣誉。

6.2 四星级

6.2.1 健身房设施设备基本条件

a）健身房设施、设备布局合理，使用方便、安全；

b）健身房内外装饰装潢工艺精细，风格突出；

c）健身房内标志用公共信息符号应符合 GB/T 10001.1 的要求；

d）健身房卫生应符合 GB 9668 的要求；

e）健身房内外环境噪音应符合 GB 3096 的要求；

f）有中央空调和通风排气系统，各区域温度适宜，通风良好，室内空气呈负压状态；

g）有自备发电系统或两路供电系统；

h）健身房光照明亮、柔和，其中练习区采用暖色光源；

i）有计算机管理系统；

j）有闭路电视、视频播放系统、背景音乐系统。

6.2.2 每周营业时间不少于 80h。

6.2.3 接待区

a）有接待处，并提供接待、问询、电脑结账等服务；

b）有健身房简介、服务项目的宣传品、服务项目价目表、服务规范条例、宾客须知和意见箱；

c）有健身教练简介、锻炼项目课程表；

d）提供留言和馆内寻人服务；

e）能够为残障人提供特殊服务；

f）能用 1 种外语提供接待服务；

g）有客人休息区域，并配有茶几和座椅，舒适典雅；

h）有电视机和报刊、杂志和健身运动资料；

i）有水吧，供应饮料、食品等，且品种丰富；

j）有健身运动用品商店；

k）各种指示用和服务用文字至少用中、英文同时表示；

l）公用电话不少于 2 部，并配有隔音罩；

m）有数量与接待能力相适应的会员柜；

n）摆放花木或盆景；

o）配有挂钟；

p）设有废物桶（箱）。

6.2.4 练习区域

a）器械练习区域

1）空间净高度不低于 2.8m；

2）场地的地面为地毯、塑胶材料或木质厚台，地面平坦、水平划一；

3）有壁镜，镜面投影清晰、影像不变形；

4）墙壁装饰壁画或图文并茂的挂图；

5）有休息用有背座椅；

6）配有饮水器（机），并供应饮用水；

7）废物桶不少于 2 个；

8）有挂钟；

9）健身器材：

- 器材为正规厂家生产的合格产品，质量稳定，安全可靠，应符合 GB17498 的要求；
- 能清楚区分出心肺功能练习区、力量器械练习区和自由重物练习区；
- 器材状态良好，完好率达 90%，而且整洁卫生，无污迹；
- 在自由重物练习区至少有 20 副的固定哑铃和 10 副调节哑铃，以及数量与之相匹配的哑铃架；
- 至少有 3 副标准杠铃和 10 副小杠铃，以及数量与之相匹配的杠铃架；
- 至少有 3 台卧推架，2 台深蹲架；
- 颈肩部练习器不少于 3 种（台）；
- 背部练习器不少于 3 种（台）；
- 胸部练习器不少于 3 种（台）；
- 臂部练习器不少于 3 种（台）；
- 腹部练习器不少于 3 种（台）；
- 臀部练习器不少于 2 种（台）；
- 大腿练习器不少于 3 种（台）；
- 小腿练习器不少于 2 种（台）；
- 单站练习器占力量练习器总数的比例不少于 50%；
- 力量练习器间距不少于 1m，且通道宽敞；
- 心肺练习器（跑步机、健身车、登山机、椭圆运动练习机、划船机等）不少于 24 台；
- 心肺练习器皆为电脑程控式；
- 至少有 50% 的心肺练习器能监控锻炼者心率的变化；
- 至少有 50% 的心肺练习器配有单独的音像设备及耳机。

10）在练习器的醒目处张贴有中、外文标注的器材名称、具体用途、使用说明或图示；

11）有至少 2 套公共音像设备；

12）营业时间同时有至少 2 名社会体育指导员在场服务。

b）集体练习区域

1）空间净高度不低于 3.0m；

2）有至少两个各自独立的集体健身区，且使用面积总和不少于 $300m^2$；

3）集体练习区域必须与器械练习等其他区域分隔开，且隔音效果好；

4）地面材料为优质木地板或弹性较好的塑胶材料，且地面平坦，无裂缝，无破损；

5）有壁镜，投影清晰，影像不变形；

6）照明良好，光线明亮，但不旋目；

7）配有高质量的专业音响，声音效果好，有无线麦克风；

8）软垫不少于 40 套；

9）辅助健身器材（如小哑铃、杠铃、踏板、拉力皮筋等）不少于 3 种；

10）配有饮水器（机），并供应饮用水；

11）能开设至少 4 种不同内容针对不同水平群体的集体健身课程，且平均每天至少开设 4 节集体健身课。

6.2.5　体测、医务区

a）有身体形态、机能、素质测试设备，能较准确测量身体成分和肌肉力量；

b）能为宾客进行身体评价，并能制定完善的健身健美计划；

c）有医务室和专业医务人员，并备有常规急救药品和设备；

d）有至少 3 台身体放松、按摩设备。

6.2.6　更衣室

a）地面为防滑材料，有通风排气设备；

b）更衣柜数量不少于 250 个；

c）更衣柜结构牢固，安全美观，整洁卫生，内有衣架和搁板；

d）有休息座椅（或条凳）、镜子。

6.2.7　淋浴室

a）位置合理，男女分设；

b）地面铺设防滑材料，有通风排气设备；

c）喷头数量不少于 20 个；

d）有洗手池和面镜；

e）有洗浴用品搁物架（台）；

f）营业时间内持续供应冷热水；

g）有桑拿浴或蒸汽浴室。

6.2.8　卫生间

a）有男女分设的间隔式卫生间；

b）装修讲究，整洁卫生；

c）有低噪音恭桶和小便池；

d）有洗手池、面镜、洗手液或香皂、擦手巾、卫生纸、自动干手器。

6.2.9　公共区域

a）公共交通便利，交通工具出入方便，便于人员及车辆的疏散；

b）充足方便的停车条件。

6.2.10　选择项目（共 15 项，至少具备 6 项）

a）提供信用卡服务；

b）能提供个人健身预约指导服务；

c）心肺练习器配备的音像设备可以上网；

d）有水中有氧练习区；

e）有室内跑道；

f）有健身车集体练习区（Spinning）；

g）提供会员定期健康检查服务；

h）有休闲区域（茶室、会客室等）；

i）有安全保卫监视系统（包括摄像头和监控室）；

j）有冲浪浴或旋流浴；

k）提供运动餐饮；

l）有自助式健身查询系统；

m）提供理疗服务；

n）有美容、美发服务；

o）获省级以上行政管理部门评定的综合性荣誉。

6.3　三星级

6.3.1　健身房设施设备基本条件

a）健身房设施、设备布局合理，使用方便、安全；

b）健身房内外装饰装潢舒适明快，工艺良好；

c）健身房内标志用公共信息符号应符合 GB/T 10001.1 的要求；

d）健身房卫生应符合 GB 9668 的要求；

e）健身房内外环境噪音应符合 GB 3096 的要求；

f）有空调和通风排气装置，各区域温度适宜，通风良好；

g）有自备发电系统或两路供电系统；

h）健身房光照明亮、柔和，其中练习区采用暖色光源；

i）有计算机管理系统；

j）有闭路电视、视频播放系统、背景音乐系统。

6.3.2　每周营业时间不少于 70h。

6.3.3．接待区

a）有接待处，并提供接待、问询、电脑结账等服务；

b）有健身房简介、服务项目的宣传品、服务项目价目表、服务规范条例、宾客须知和意见箱；

c）有健身教练简介、锻炼项目课程表；

d）提供留言和馆内寻人服务；

e）能够为残障人提供特殊服务；

f）有客人休息区域，并配有茶几和座椅；

g）有电视机和报刊、杂志和健身运动资料；

h）有水吧，供应饮料、食品等；

i）有健身运动用品商店；

j）各种指示用和服务用文字至少用中、英文同时表示；

k）公用电话不少于 2 部；

l）有会员柜；

m）摆放花木或盆景；

n）配有挂钟；

o）设有废物桶（箱）。

6.3.4 练习区域

a）器械练习区域

1）空间净高度不低于 2.8m；

2）场地的地面为地毯、塑胶材料或木质厚台，地面平坦、水平划一；

3）有壁镜，镜面投影清晰、影像不变形；

4）墙壁装饰壁画或图文并茂的挂图；

5）有休息用有背座椅；

6）废物桶不少于 2 个；

7）有挂钟；

8）健身器材：

- 器材为正规厂家生产的合格产品，质量稳定，安全可靠，应符合 GB17498 的要求；
- 能清楚区分出心肺功能练习区、力量器械练习区和自由重物练习区；
- 器材状态良好，完好率达 90%，而且整洁卫生，无污迹；
- 自由重物练习区有至少 20 副的固定哑铃和 10 副调节哑铃，以及数量与之相匹配的哑铃架；
- 至少有 3 副的标准杠铃和 8 副小杠铃，以及数量与之相匹配的杠铃架；
- 至少有 2 台卧推架，1 台深蹲架；
- 肩部练习器不少于 2 种（台）；
- 背部练习器不少于 2 种（台）；
- 胸部练习器不少于 2 种（台）；

- 臂部练习器不少于 2 种（台）；
- 腹部练习器不少于 2 种（台）；
- 臀部练习器不少于 1 种（台）；
- 大腿练习器不少于 2 种（台）；
- 小腿练习器不少于 1 种（台）；
- 单站练习器占力量练习器总数的比例不少于 40%；
- 力量练习器间距不少于 1m，且通道宽敞；
- 心肺练习器（跑步机、健身车、登山机、椭圆运动练习机、划船机等）不少于 10 台；
- 心肺练习器材皆为电脑程控式。

9）在器材的醒目处张贴有器材名称、具体用途、使用说明或图示；

10）有至少 2 套公共音像设备。

b）集体练习区域

1）空间净高度不低于 3.0m；

2）使用面积总和不少于 200m^2；

3）集体练习区域必须与器械练习等其他区域分隔开，且隔音效果好；

4）地面材料为木地板，且地面平坦，无裂缝，弹性好；

5）有壁镜，投影清晰，影像不变形；

6）照明良好，光线明亮，但不旋目；

7）配有音响，声音效果好，有无线麦克风；

8）软垫不少于 30 套；

9）辅助健身器材（如小哑铃、杠铃、踏板、拉力皮筋等）不少于 3 种；

10）配有饮水器（机），并供应饮用水；

11）能开设至少 3 种不同内容针对不同水平群体的集体健身课程，且平均每天至少开设 4 节集体健身课。

6.3.5　体测、医务区

a）有身体形态、机能、素质设备；

b）能为宾客进行身体评价，并能制定健身健美计划；

c）备有常规急救药品和设备。

6.3.6　更衣室

a）地面为防滑材料，有通风排气设备；

b）更衣柜数量不少于 200 个；

c）更衣柜结构牢固，安全美观，整洁卫生，内有衣架和搁板；

d）有休息座椅（或条凳）、镜子。

6.3.7　淋浴室

a）位置合理，男女分设；

b）地面铺设防滑材料，有通风排气设备；

c）喷头数量不少于 10 个；

d）有洗手池和面镜；

e）有洗浴用品搁物架（台）；

f） 营业时间内持续供应冷热水。

6.3.8　卫生间

a）有男女分设的间隔式卫生间；

b）整洁卫生；

c）有抽水恭桶和小便池；

d）有洗手池、面镜、洗手液或香皂、擦手巾、卫生纸、自动干手器。

6.3.9　公共区域

a）公共交通便利，交通工具出入方便，便于人员及车辆的疏散；

b）有机动车泊位。

6.3.10　选择项目（共 17 项，至少具备 5 项）

a）能用外语进行接待服务；

b）提供信用卡服务；

c）能提供个人健身预约指导服务；

d）50% 心肺练习器配备的显示器可以上网；

e）有两个独立的集体健身区；

f） 有水中有氧练习区；

g）有室内跑道；

h）有健身车集体练习区（Spinning）；

i） 提供会员定期健康检查服务；

j） 有安全保卫监视系统（包括摄像头和监控室）；

k）有桑拿浴或蒸汽浴；

l） 有冲浪浴或旋流浴；

m）提供运动餐饮；

n）有自助式健身查询系统；

o）提供理疗服务；

p）有美容、美发服务；

q）获省级以上行政管理部门评定的综合性荣誉。

6.4　二星级

6.4.1　健身房设施设备基本条件

a）健身房设施、设备布局合理，使用方便、安全；

b）健身房内标志用公共信息符号应符合 GB/T 10001.1 的要求；

c）健身房卫生应符合 GB 9668 的要求；

d）健身房内外环境噪音应符合 GB 3096 的要求；

e）有空调和通风排气装置，各区域通风良好；

f） 健身房光照明亮、柔和；

g）有计算机管理系统；

h）有视频播放系统、背景音乐系统；

i） 有身体形态，素质测试设备，并能制定健身健美计划。

6.4.2　每周营业时间不少于 40h。

6.4.3　接待区

a）有接待处，并提供接待、问询、电脑结账等服务；

b）有健身房简介、服务项目价目表、服务规范条例、宾客须知和意见箱；

c）有健身教练简介、锻炼项目课程表；

d）提供留言和馆内寻人服务；

e）有客人休息区域，并配有茶几和座椅；

f） 有电视机；

g）有饮料、食品供应柜台；

h）有公用电话；

i） 摆放花木或盆景；

j） 配有挂钟；

k）设有废物桶（箱）。

6.4.4　练习区域

a）空间净高度不低于 2.6m

b）器械练习区域

1）场地的地面为地毯、塑胶材料或木质厚台，地面平坦、水平划一；

2）有壁镜，镜面投影清晰、影像不变形；

3）墙壁装饰壁画或图文并茂的挂图；

4）有休息用座椅；

5）有废物桶；

6）有挂钟；

7）健身器材：

- 器材质量稳定，安全可靠，应符合 GB 17498 的要求；
- 器材状态良好，完好率达 90%，而且整洁卫生；
- 自由重物练习区有至少 20 副的固定哑铃和 10 副调节哑铃，以及数量与之相匹配的哑铃架；
- 至少有 2 副的标准杠铃和 5 副小杠铃，以及数量与之相匹配的杠铃架；
- 至少有 2 台卧推架，1 台深蹲架；
- 背部练习器不少于 2 种（台）；
- 胸部练习器不少于 2 种（台）；

- 臂部练习器不少于 2 种（台）；
- 腹部练习器不少于 2 种（台）；
- 大腿练习器不少于 2 种（台）；
- 小腿练习器不少于 1 种（台）；
- 力量练习器材间距不少于 1m；
- 心肺练习器（跑步机、健身车、登山机、椭圆运动练习机、划船机等）不少于 5 台。

8）练习器的醒目处张贴有器材名称、具体用途、使用说明或图示；

9）有至少 2 套音像设备。

c）集体练习区域

1）使用面积不少于 $100m^2$；

2）集体练习区域必须与器械练习等其他区域分隔开；

3）地面材料为木地板或塑胶材料，且地面平坦，无裂缝；

4）有壁镜，投影清晰，影像不变形；

5）照明良好，光线明亮，但不旋目；

6）配有音响，声音效果好，有无线麦克风；

7）软垫不少于 20 套；

8）有辅助健身器材（如小哑铃、杠铃、踏板、拉力皮筋等）；

9）能开设至少 2 种不同内容的集体健身课程，每天至少开设 3 节集体健身课。

6.4.5　更衣室

a）地面为防滑材料，有通风排气设备；

b）更衣柜数量不少于 100 个；

c）更衣柜结构牢固，安全美观，整洁卫生；

d）有休息座椅（或条凳）、镜子。

6.4.6　淋浴室

a）位置合理，男女分设；

b）地面铺设防滑材料，有通风排气设备；

c）喷头数量不少于 6 个；

d）有洗手池和面镜；

e）有洗浴用品搁物架（台）；

f）营业时间内供应冷热水。

6.4.7　卫生间

a）有男女分设的间隔式卫生间；

b）有洗手池、面镜、洗手液或香皂、擦手巾、卫生纸、自动干手器。

6.4.8　公共区域

a）交通工具出入方便，便于人员及车辆的疏散；

b）有机动车泊位。

6.5 一星级

6.5.1 健身房设施设备基本条件

a）健身房设施、设备布局合理，使用方便、安全；

b）健身房内标志用公共信息符号应符合 GB/T 10001.1 的要求；

c）健身房卫生应符合 GB 9668 要求；

d）健身房内外环境噪音应符合 GB 3096 的要求；

e）有通风排气装置，各区域通风良好；

f）健身房光照明亮、柔和；

g）有音响设备；

h）有身体形态测试设备。

6.5.2 每周营业时间不少于 40h。

6.5.3 接待区

a）有接待处，并提供接待、问询、结账等服务；

b）有服务项目价目表、服务规范条例、宾客须知和意见箱；

c）有客人休息座椅；

d）供应饮料等；

e）有公用电话；

f）配有挂钟；

g）设有废物桶（箱）。

6.5.4 练习区域（根据经营重点不同，符合器械练习区域和集体练习区域两者之一要求即可）

a）空间净高度不低于 2.6m

b）器械练习区域

1）场地的地面为地毯、塑胶材料或木质厚台，地面平坦；

2）有壁镜，镜面投影清晰、影像不变形；

3）有休息用座椅；

4）有废物桶；

5）有挂钟；

6）健身器材：

- 器材质量稳定，安全可靠，应符合 GB 17498 的要求；
- 器材状态良好，完好率达 90%，而且整洁卫生；
- 自由重物练习区有至少 20 副固定哑铃和 5 副调节哑铃；
- 至少有 2 副标准杠铃和 5 副小杠铃；
- 至少有 2 台卧推架，1 台深蹲架；
- 胸部练习器不少于 2 种（台）；

- 臂部练习器不少于 2 种（台）；
- 腹部练习器不少于 2 种（台）；
- 大腿练习器不少于 1 种（台）；
- 力量练习器材间距不少于 1m；
- 心肺练习器（跑步机、健身车、登山机、椭圆运动练习机、划船机等）不少于 2 台；

7）在器材的醒目处张贴有器材名称、具体用途、使用说明或图示。

c）集体练习区域

1）使用面积总和不少于 100m^2；

2）地面材料为木地板或地毯，且地面平坦，有一定弹性；

3）有壁镜，投影清晰，不变形；

4）照明良好，光线明亮，但不旋目；

5）配有音响设备；

6）有供 20 人同时上课使用的软垫；

7）能开设至少 2 种内容（如：有氧操、踏板操、形体操等）的集体健身课程。

6.5.5　更衣室、卫生间

a）有男女分设的更衣室，更衣柜结构牢固，整洁卫生；

b）有男女分设的淋浴区，整洁卫生；

c）有男女分设的卫生间，整洁卫生。

7　服务质量要求

7.1　服务人员从业资格要求

7.1.1　健身房从业人员必须持证上岗。

7.1.2　不同星级健身房社会体育指导员配比：五星级配备的社会体育指导师（健身类或健美操类）人数不得少于挂牌上岗总人数的 50%（且不少于 4 人）；四星级配备的社会体育指导师（健身类或健美操类）人数不得少于挂牌上岗总人数的 30%（且不少于 2 人）；三星级配备高级社会体育指导员（健身类或健美操类）人数不得少于挂牌上岗总人数的 50%（且不少于 3 人）；二星级配备中级社会体育指导员（健身类或健美操类）人数不得少于挂牌上岗总人数的 50%（且不少于 2 人）。一星级的挂牌上岗指导员必须为初级以上（含初级）社会体育指导员（健身类或健美操类）。

7.2　服务基本原则

7.2.1　对宾客一视同仁。

7.2.2　对宾客礼貌、热情、友好。

7.2.3　对宾客诚实，公平交易。

7.2.4　尊重民族习俗。

7.2.5　遵守国家法律、法规，保护宾客合法权益。

7.3　服务基本要求

7.3.1　仪容仪表要求

a）服务人员的仪容仪表端庄、大方、整洁。服务人员应佩戴工牌，符合上岗要求；

b）服务人员应表情自然、和谐、亲切，提倡微笑服务。

7.3.2　举止姿态要求

举止文明，姿态端庄，主动服务，符合岗位规范。

7.3.3　语言要求

a）语言要文明、礼貌、简明、清晰；

b）提倡讲普通话；

c）对客人提出的问题无法解决时，应予以耐心解释，不推诿和应付。

7.4　服务业务能力与技能要求

服务人员应具有相应的业务知识和技能，并能熟练运用。

7.5　服务质量保证体系

具备适应本健身房运行的、有效的整套管理制度和作业标准，有检查、督导及处理措施。

三、健身器械种类及尺寸表

序号	名　称	图片	外观尺寸（长×宽×高）(cm)
1	电脑程式跑步机 Treadmill		215×91×160
2	电脑程式全功能椭圆运转机 Cross Trainer		193×76×182
3	靠背式电脑程式健身车 Recumbent Bike		167×64×136
4	电脑程式登山机 Stepper		110×69×178

序号	名　　称	图片	外观尺寸（长×宽×高）(cm)
5	单车 Spinning		152×51×145
6	攀登跑步机 - 配一体化液晶电视 FreeMotion Incline Trainer with Workout TV Console		203×94×198
7	阔步训练机 Free Motion Strider		183×94×183
8	腿部综合功能训练器 Total Legs		152×93×163
9	肩胸部综合功能训练器 Shoulder Chest		152×93×163
10	高拉背肌 / 高拉划船训练器 Lat Pulley		187×74×163
11	坐式腿部弯曲训练机 Leg Curl		122×142×155

序号	名　　称	图片	外观尺寸（长×宽×高）(cm)
12	大腿内收 / 外展训练机 AB/Adduction		136×150×155
13	胸部推举训练机 Chest Press		149×107×192
14	高拉训练机 Lat Pulldown		134×137×189
15	划船训练机 Row		133×115×196
16	肩部推举训练机 Shoulder Press		148×146×155
17	腹肌训练机 Abdominal		133×106×155

序号	名　　称	图片	外观尺寸(长×宽×高)(cm)
18	双滑轮双向拉力训练机 Dual Adjustable Pulley		122×107×163
19	三维史密斯机 Max Rack 3D Smith		210×175×216
20	平卧推举训练凳（需另配杠铃杆及铃片） Bench Press		165×178×122
21	罗马凳 45° Hyperextension		71×122×91
22	哑铃架（可存放 10 对） Dumbbell Rack (10-Pair / 2-Tier)		224×64×66
23	多功能哑铃训练椅 Multi-Adjustable Bench (0~90°)		64×140×58
24	45° 蹬腿训练机（需另配铃片） 45° Leg Press		175×241×132

序号	名　　称	图片	外观尺寸（长×宽×高）(cm)
25	二站式综合功能训练机 Functional Training		117×132×145
26	四站式综合功能训练机 (2站配重各 170lbs) 2 Stack Gym		211×246×218
27	大飞鸟机，附带引体向上架 Cable Crossover with 2 weight stacks & chin bar	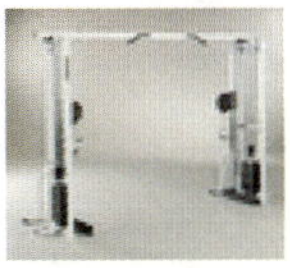	378×102×236
28	腹肌训练器（商用） AB Coaster	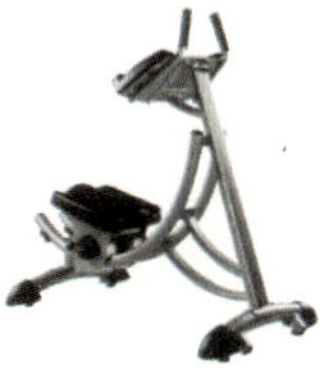	155 × 84 × 147
29	绿色跑台 Woodway CURVE	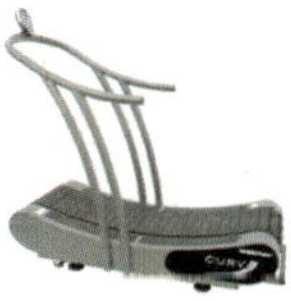	170×43 ×142
30	普拉提训练设备 PeakPilates	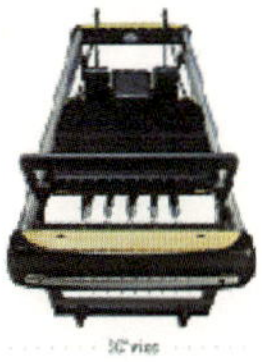	262×74×39
31	攀索训练机 Rope Climber		137×102×275

序号	名　称	图片	外观尺寸(长×宽×高)(cm)
32	等动游泳模拟训练机 Vasa Swim Ergometer		218×71×81
33	投球健腹器（商用） AB Solo Commercial		226×92×178

图片来源索引

图 1：钱吉成
图 2：高信东
图 3：一兆韦德健身
图 4：作者
图 5：作者
图 6：作者
图 7：作者
图 8：作者
图 9：作者
图 10：作者
图 11：作者
图 12：作者
图 13：作者
图 14：作者
图 15：作者
图 16：《Architectural Record》2010 年第 11 期
图 17：日本构想建筑设计研究所
图 18：作者
图 19：作者
图 20：作者
图 21：作者
图 22：一兆韦德健身
图 23：一兆韦德健身
图 24：《中国建筑装饰装修》2010 年第 5 期
图 25：日本构想建筑设计研究所
图 26：作者
图 27：作者
图 28：作者

图 29：一兆韦德健身

图 30：河南维体时尚健身

图 31：上海 H3 健身

图 32：力美健健身

图 33：一兆韦德健身

图 34：作者

图 35：一兆韦德健身

图 36：作者

图 37：杨佐英

图 38：作者

图 39：作者

图 40：作者

图 41：杨佐英

图 42：作者

图 43：作者

图 44：作者

图 45：杨佐英

图 46：作者

图 47：作者

图 48：作者

图 49：作者

图 50：河南维体时尚健身

图 51：上海 H3 健身

图 52：作者

图 53：日本构想建筑设计研究所

图 54：奥力来

图 55：作者

图 56：杨佐英

图 57：作者

图 58：奥力来

图 59：奥力来

图 60：杨佐英

图 61：杨佐英

图 62：杨佐英

图 63：奥力来

图 64：杨佐英

图 65：浩沙健身

图 66：奥力来

图 67：奥力来

图 68：作者

图 69：作者

图 70：作者

图 71：奥力来

图 72：奥力来

图 73：作者

图 74：《Architectural Record》2010 年第 11 期

图 75：作者

图 76：作者

图 77：作者

图 78：作者

图 79：作者

图 80：作者

图 81：一兆韦德健身

图 82：日本构想建筑设计研究所

图 83：上海 H3 健身

图 84：作者

图 85：作者

图 86：作者

图 87：奥力来

图 88：杨佐英

图 89：上海 H3 健身

图 90：一兆韦德健身

图 91：作者

图 92：《中国建筑装饰装修》2010 年第 2 期

图 93：一兆韦德健身

图 94：《Architectural Record》2009 年第 3 期

图 95：力美健健身

图 96：一兆韦德健身

图 97：日本构想建筑设计研究所

图 98：河南维体时尚健身

图 99：作者

图 100：作者

图 101：日本构想建筑设计研究所

图 102：日本构想建筑设计研究所

图 103：一兆韦德健身

图 104：一兆韦德健身

图 105：日本构想建筑设计研究所

图 106：作者

图 107：作者

图 108：作者

图 109：作者

图 110：作者

图 111：作者

图 112：作者

图 113：作者

图 114：作者

图 115：作者

图 116：作者

图 117：一兆韦德健身

图 118：上海 H3 健身

图 119：杨佐英

图 120：日本构想建筑设计研究所

图 121：杨佐英

图 122：作者

图 123：作者

图 124：作者

图 125：作者

图 126：作者

图 127：作者

图 128：作者

图 129：杨佐英

图 130：上海 H3 健身

图 131：杨佐英

图 132：作者

图 133：杨佐英

图 134：作者

图 135：杨佐英

图 136：河南维体时尚健身

图 137：河南维体时尚健身

图 138：作者

图 139：作者

图 140：作者

图 141：作者

图 142：作者

参考文献

专著：

[1] 张绮曼，郑署旸．室内设计资料集．北京：中国建筑工业出版社，1991.

[2] 金宇晴，张林．健身俱乐部经营与管理．北京：中国劳动社会保障出版社，2009.

[3] 高宣扬，流行文化社会学．北京：中国人民大学出版社，2006.

[4] 李娥飞，张力等．康体休闲设施的室内环境与通风．北京：中国建筑工业出版社，2009.

[5] 陈小丰，建筑灯具与装饰照明手册．北京：中国建筑工业出版社，2000.

[6] 陆耀庆，建筑空调设计手册．北京：中国建筑工业出版社，1993.

[7] 张先松，健身健美运动．北京：高等教育出版社，2005.

[8] 吴为廉，潘肖澎．旅游康体游憩设施设计与管理．北京：中国建筑工业出版社，2001.

[9] (英)杰兰．特约翰，基特．坎贝尔．游泳馆与滑冰场设计手册．苏柳梅，马文艳，译．大连：大连理工大学出版社，2003.

[10]（日）日本建筑学会，建筑设计资料集成．天津：天津大学出版社，2007.

杂志期刊：

[11] 李小芬．我国商业健身俱乐部的发展特征与经营模式．上海体育学院学报，2006(5).

[12] 刁在箴等．中国体育健身俱乐部发展概况之研究．北京体育大学学报，2002（11）.

[13] 刘雪勇．体验经济——健身俱乐部未来的房展模式．北京体育大学学报，2006(8).

[14] 任海等．论体育资源配置模式——社会经济条件变革下的中国体育改革（一）．天津体育学院学报，2001（2）.

[15] 石立江．大众文化视野下的健身房文化．体育学刊，2007（5）.

[16] 杜宏武．会所建筑更衣洗浴功能的组织．四川建筑科学研究，2005（10）.

[17] 许小珍，李金珠．上海市商业健身俱乐部消费者群体的消费现状研究．商场现代化，2008（31）.

[18] John Oliver.Exploring the role of music on young health and fitness club

member loyalty: an empirical study.YOUNG CONSUMERS，8（1）.
[19]《健与美》2009，2010，2011 年各期 .
[20]《Architectural Record》2009 年第 3 期，2010 年第 11 期 .
[21]《中国建筑装饰装修》2010 年各期 .

学位论文：

[22] 周韵 . 广州地区健身俱乐部建筑设计研究 . 华南理工大学硕士学位论文，2007.
[23] 王兆庆 . 丑怪的理想身体：台湾健美运动的社会学研究（1958—2003）. 台湾大学社会学研究所硕士论文，2004.

产品样本：

[24] 星驰（Star Trac），霸力门，spinner 单车等 .

网络资源：

[25] www.sportssol.com.cn
[26] www.m8gourp.net
[27] www.1012wellness.com
[28] www.wanfangdata.com.cn
[29] www.active-lifestyle.net

致 谢

健身及健身空间作为一种后工业时代的生活方式和生活空间已经成为人们日常生活中不可缺少的组成部分，本课题的缘起就是因为兴趣和专业的结合。

本研究从立项、收集资料、写作到出版，几乎三年时间。这期间，调查和收集资料的工作，已经变成了日常生活的常态。从上海到香港，从日本到澳大利亚，造访过很多家健身俱乐部。随着资料的不断补充，研究思路和脉络也不断开阔和清晰，期间有辛苦也有乐趣。在交稿的前夕，也会为刚刚获得资料而欣喜。其实健身俱乐部的发展变化也是社会生活方式发展变化的一个缩影。在木书对健身俱乐部设计技术问题探讨之后，我甚至很有兴趣对健身俱乐部空间对于族群、人的交往行为方式的影响和改变等课题研究下去，学海无涯，那就等着以后继续吧。

本书的写作得到了很多人的支持和帮助。首先感谢我的硕士导师左琰副教授，是她带我进入室内设计这个广阔而有趣的领域，并给予我学术上的支持和帮助；感谢我的博士导师常青教授、师母华耘高级工程师，他们严谨的治学态度让我无论从收集资料还是文献考证上，都能从编写初始严格要求自己，并帮助我在学术上迈出坚实的一步。

感谢亚洲建筑师协会主席、日本国士馆大学 George Kunihiro 教授给予的支持和帮助，日本构想建筑设计研究所上浪宽教授提供了他在日本设计的很多健身俱乐部案例，这些有着日本特有的细腻和完备的健身俱乐部设计，给我很多专业上的启发。

感谢健身行业的专家金宇晴先生、张林先生、施庆元先生、霍飞先生、刘旭升先生、李戈先生等其他给予我帮助的朋友，他们专业性的指点和帮助让我能更加充分地了解这个行业，从而能作出不是外行的研究。

感谢吴涤荣教授、赵毓玲研究员、王云才教授、王绪远教授、郑孝正教授、徐纺编审、马怡红副教授、余平副教授、张鹏博士、杨惠平女士、杨佐英先生、朱建军和何娟夫妇、叶飚先生、Linck Tsang、Alex Li、野上广幸等友人对我各方面的支持和帮助。

感谢责任编辑邓卫先生对本书出版所倾注的辛劳，他的敬业使得本书以更为完美的形象呈现给读者。感谢学生邓卫俊、王峰磊、顾璟等帮助整理资料并绘制部分图例。

最后，还要感谢我的家人，他们的理解和支持让我能去实现自己想做的事情。

蒲仪军

2011 年 4 月 18 日